The typography
idea book

Steven Heller & Gail Anderson

图书在版编目（CIP）数据

版式设计关键词：设计大师的方法与风格 / （美）史蒂文·海勒，（美）盖尔·安德森著；曹雷雨译 . -- 成都：四川美术出版社，2021.10
书名原文：The typography idea book
ISBN 978-7-5410-9872-7

Ⅰ . ①版… Ⅱ . ①史… ②盖… ③曹… Ⅲ . ①版式 - 设计 - 教材 Ⅳ . ① TS881

中国版本图书馆 CIP 数据核字 (2021) 第 150917 号

本书由劳伦斯·金出版社授权银杏树下（北京）图书有限责任公司代理出版。
著作权合同登记号：图字 21-2021-14

版式设计关键词：设计大师的方法与风格

BANSHI SHEJI GUANJIANCI: SHEJI DASHI DE FANGFA YU FENGGE

[美] 史蒂文·海勒 [美] 盖尔·安德森 著　　　曹雷雨 译

选题策划	后浪出版公司	出版统筹	吴兴元
编辑统筹	蒋天飞	责任编辑	杨 东 温若均
特约编辑	樊璟怡	责任校对	陈 玲 蒋天飞
责任印制	黎 伟	装帧制造	墨白空间·张静涵
营销推广	ONEBOOK		
出版发行	四川美术出版社		
	（成都市锦江区金石路 239 号 邮编：610023）		

成品尺寸	165mm × 230mm
印　张	7.5
字　数	80 千字
图　幅	47 幅
印　刷	天津图文方嘉印刷有限公司
版　次	2021 年 11 月第 1 版
印　次	2021 年 11 月第 1 次印刷
书　号	978-7-5410-9872-7
定　价	48.00 元

读者服务：reader@hinabook.com 188-1142-1266
投稿服务：onebook@hinabook.com 133-6631-2326
直销服务：buy@hinabook.com 133-6657-3072
网上订购：https://hinabook.tmall.com/（天猫官方直营店）

艺术，让生活更美好

更多书讯，敬请关注
四川美术出版社官方微信

The typography
idea book

后浪出版公司

版式设计关键词

设计大师
的方法与风格

Steven Heller & Gail Anderson

[美] 史蒂文·海勒　[美] 盖尔·安德森　著　　曹雷雨　译

四川美术出版社

目录

引言
设计最佳版式

    并非每个设计师都称得上是个好的版式设计师，就更别说是一个出色的版式设计师了。实际上，要成为一个出色的版式设计师，你必须先成为一个技艺精湛的平面设计师。版式设计大概是平面设计里最重要的组成部分。它需要一种卓越的能力，在创造可读性信息的同时也要向大大小小的受众传达、表露和展现观念。

    版式设计是可复制的，因此也是可传授的。正如学习古典绘画的学生通过反复临摹石膏像来掌握精准描绘人体的技巧，学习版式设计的最佳方式便是反复实践。理论固然很好，然而要形成对字体处在页面或屏幕上的内在感受，实践必不可少。字与字之间是相当协调还是全然不配，这些必须了然于心。玩版式拼图是版式设计的一大乐趣。虽说最终结果必须合情合理（请注意结果并不一定要清晰可辨，因为模糊不清是相对而言的，难以辨认的东西往往可以破解），但整个过程可能全凭直觉。所见胜过所得：玩版式是为你自己和你的客户打造版式个性的一个机会。

本书致力于帮助你开创不同的版式特质或风格，乃至你自己特有的设计标志。这本书不是一本排版基础知识（字距调整、间隔调节、筛选等）的教程。如今有许多佳作可以给读者提供这方面的基础知识。我们在这里的目的是列出可供版式设计者随意运用的妙趣横生以及深奥古怪的诸多选项。这些"普普通通却不同寻常"的方法不仅包括字体的转化与变革，还有双关和隐喻，以及版式的拼贴和引用。

换言之，如果说版式设计的基础知识是你版式设计饕餮盛宴中的"主菜"，那么本书中的理念则是餐后甜点。尽情享用版式设计小食菜单上美味的时候到了。

用字母交流

亚历克斯·施泰因魏斯/安德鲁·布里约姆/索尔·巴斯/梅迈特·阿里·蒂尔克曼/戴夫·托尔斯/布莱恩·莱特博迪

图示
作为字母/符号的图像

有人说一图胜千言，如此说来，要是一幅图是由一个字母或一个词构成的又会怎样呢？那么它一定更胜一筹。我们所说的图示性字型可能不是纯粹的版式设计，然而它也是有效的设计。

亚历克斯·施泰因魏斯（Alex Steinweiss，1917—2011）于 1941 年为《艺术总监》（*Art Director*，简称 *AD*）杂志设计的封面便是一个图示–字母的结合体。这一期杂志的主题是录制音乐的美学，其中有一篇对施泰因魏斯的专访。施泰因魏斯是美国唱片设计的先驱，也是第一位把原创艺术运用于唱片封套的设计师，这里的示例是他为哥伦比亚唱片公司做的设计。施泰因魏斯应邀为刊物设计一款定制标识，他从符号学出发进行设计，采用了绘图员的三角板（或者说三角形）作为代表设计的字母 A，又用一个半圆（或者说半张 78 转唱片）作为字母 D。它显然可以读作 AD，但它也象征着唱片设计。

只有当图像与其所表示的内容在概念上一致时，采用这样一种图解奇喻才会有效。就《艺术总监》这一个案来看，施泰因魏斯所做的关联真是天衣无缝。其实就在一两年前，这杂志的刊名还是《制作经理》（*Production Manager*，简称 *PM*）。一个设计师会想他应该用什么样的图像来代表那两个字母，以及他是否应该尽力与它们建立起一种个人的关联。时机就是一切。

在设计中运用图示技巧似乎就像把一枚方钉嵌入一个方孔一样容易，而设计出**超棒**的图解版式的诀窍在于不把错误的图像硬塞进孔里。

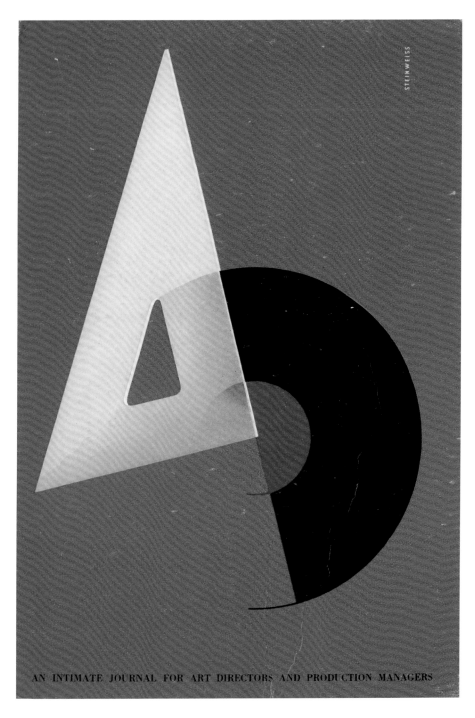

□ 亚历克斯·施泰因魏斯, 1941年
《艺术总监》杂志

図 安德鲁·布里约姆，2001年
内饰和室内灯

环境
作为纪念碑的字母

一些为特定的场所环境设计的字母能够给路人传递清晰的信息，而另外一些设计就只能作为环境的景观，其对比例和出人意料的材料的夸张运用是这类作品存在的唯一理由。这些"景观"应该被视为用字母创作的艺术品，而不是传达公开的促销或政治信息的版式扩音器。

出生在英国的安德鲁·布里约姆（Andrew Byrom）制作的大型版式既为艺术又为设计，他巧妙地把通常用来做家具的钢管制成字型内饰。字型由他构思精巧的室内灯衬托，室内灯具有同一种版式家族的结构，但由霓虹灯管制成。两者均作为景观而制作。

布里约姆几乎能从事事处处看到字型。不过，这款室内设计起初是二维的字母表，通过把各种形状贴入矢量绘图软件 Adobe Illustrator，然后转入字体设计软件 Fontographer 制作而成。最后字母成为实物大小的家具框架，由钢管最终构造成了三维实体。"因为潜在的设计理念原是版式设计，所以最终的结果几乎变成了自由式的家具设计。"布里约姆解释道，"像 m、n、o、b 和 h 这样的字母可以看作简易桌椅，但是当像 e、g、a、s、t、v、x 和 z 这样的字母被视为家具时就更抽象。"

就字母形状而言，这款室内设计的字型并非前所未有，然而凭借它，布里约姆成功地创作出了一种传统的字型和一件纪念碑式的艺术品。

建构
用字体构造场景

在《宾虚》《万世英雄》《万王之王》这些经典大片的海报中，片名的设计看起来就像是石雕。这些是对历史主题的隐喻性建构，但要达到这样的双重目的其实还有更当代的方式。字型也可以用来作为叙事的一种方式：索尔·巴斯（Saul Bass）为《霹雳神风》设计的海报就成功地将片名和赛车道糅合，而那条赛车道正是这部动作片的核心地点。通过给赛车道上的加粗哥特字体片名增加速率线，巴斯立刻传递了突出的情节点并展示出情节线的起伏。

实际上，这种字型适用于不同的尺寸，无论是海报上的超大字还是报纸广告上的较小字。选择黑色作为唯一的版式颜色会让我们把海报看作一个整体，而不是把标题和插图分开来看。

巴斯的版式设计证明了浑然一体的图像的力量。如此富有表现力的理念并不牵强或老套，而是简洁、现代又悦目。

以这种方式创作一幅天衣无缝的版式插图可以作为一种隐喻性的速记，并让你的海报或护封超越时空，历久弥新。

⊠ 索尔·巴斯, 1966年
《霹雳神风》

A JOHN FRANKENHEIMER FILM IN CINERAMA

STARRING
**JAMES GARNER · EVA MARIE SAINT · YVES MONTAND
TOSHIRO MIFUNE · BRIAN BEDFORD · JESSICA WALTERS
ANTONIO SABATO · FRANCOISE HARDY · ADOLFO CELI**

Directed by John Frankenheimer · Produced by Edward Lewis

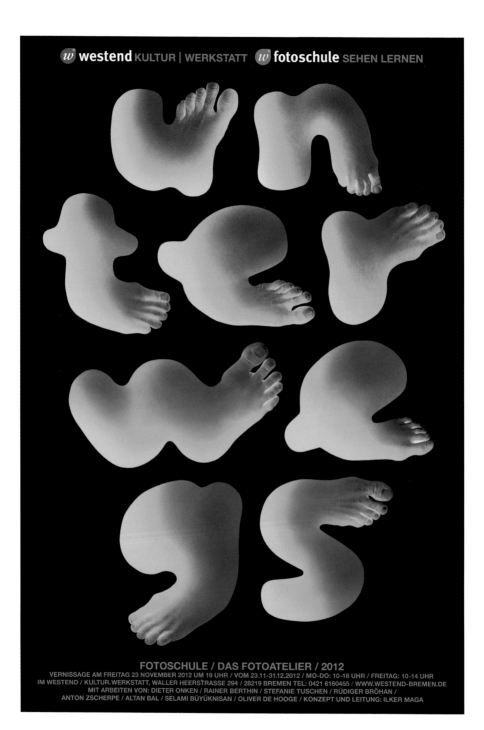

变形

字母脚

如今，字型可由一只脚、一只手或任何一种似乎为变形做好了准备的自然的、人造的或幻想的对象构成。当然，这些既不是真正的字体也不是新奇字体（见第104页），它们实际上是使用金属、胶片或运用数字方法制作而成，以备未来之用。但变形字是人造的，因突发奇想或是某个特定观念而创造。

土耳其设计师梅迈特·阿里·蒂尔克曼（Mehmet Ali Türkmen）用他妻子和女儿的脚创造了一种独特的字母，为在不来梅的西区文化中心的摄影学校举办的展览拼写出海报标题《在路上》（*Unterwegs*）。为什么要用脚呢？蒂尔克曼解释说，脚代表"在生活激流中"的运动，因此在版式上可以阐释这个标题。他还想用这个海报提醒人们要放慢脚步，去留意那些他们曾因行动过快而忽视掉的细节。

不要在标准的字体样本或操作指南中寻找转化为字母的物体或人体部位。你只能在版式荒谬而真实的模糊地带，在另类的字型世界中找到它们。然而即使是在这个没有管制的世界中，低劣的品质也不能被人们接受。要把非字母的形状转变为清晰可读的版式设计需要一定的才能和技术。

⊠ 梅迈特·阿里·蒂尔克曼，2012年
　摄影学校/照相馆，《在路上》

观念
身体之外的字体经验

编排文本的传统方式是在简单的网格上垂直分栏，要么左对齐，要么两端对齐，一个文本框连着另一个文本框。大多数书籍、杂志和报纸都遵循这一传统，它也是阅读连续的字行与段落最常见可行的方式。然而，它并不是编排文字和页面的唯一方式。

我们的大脑足够灵活，能在更为曲折的"版式高速公路"上游走，只要路上没有无法通行的弯道。英国设计师戴夫·托尔斯（Dave Towers）为电影导演托尼·凯（Tony Kaye）的一篇访谈设计出的 8 个版面便体现了这一点。尽管他设置了几个弯道，但整个阅读旅程一片坦荡，令人兴奋。

从概念上来讲，托尔斯的版式设计大胆而冒险，它把问答格式转化为一种"文本-标题"的结合体，它既是标题"托尼·凯"，又是可阅读的内容。尽管这可能是出于机缘巧合，但还是需要做一点预案使两个词中的文本契合、易读。其中几栏有点歪斜，还有几栏更是失衡，因此需要读者多费点功夫。读者会习惯构成字母 Y 和 O 的文本宽线，也会接受托尔斯不得不在字母 A 中间加横杠的这种优雅的"作弊"。

文本栏是托尔斯对阅读一篇未编辑的谈话录音文稿的回应。谈话从一个话题直接滚入下一个话题，话题互不相关，也没有分段，几乎就是意识流。

这并不是寻常的版式设计，也不是每一位编辑都能预见读者会被这种不寻常的版式所吸引。不过托尔斯接受挑战并创造了一种排版形式，它向我们表明版式设计不是简单地受条条框框的支配，还需要勇气和魄力。

⊠ 戴夫·托尔斯，2013年
　《托尼·凯》

谐趣
严肃的设计

不要把谐趣字体误认为是字体 Comic Sans，后者不仅被过度使用，还遭到了猛烈的嘲讽。谐趣字体有趣又好玩，有时是因其形式，但有时在于其应用。对于一个颇具挑战性的主题，表面上漫不经心的呈现可能比一种更严肃的方式更具影响力，让观者可从不太正式的角度看待问题。幽默是刺探问题的最佳方式。

作家朱莉·鲁蒂利亚诺（Julie Rutigliano）与设计师布莱恩·莱特博迪（Brian Lightbody）合作为"摇滚选举"（Rock the Vote）掀起了一场新闻战。"摇滚选举"是一个无党派组织，它旨在培植美国青年的政治力量。广告的目标很明确，在鲁蒂利亚诺看来："我们想让人们从安乐椅中起身，去为2008年的总统选举投票。"他们一整版的广告采用了《华尔街日报》股市指数的页面设计，对选举前美国的经济状况做了强有力的评价。版式设计被巧妙地用来揭示国家所面临的关键问题，鲁蒂利亚诺和莱特博迪所描画的股市暴跌到了报纸版面的底部。

巧妙地运用平面设计是（或应该是）设计过程的首要手段，即便最终结果并不诙谐。版式设计常常被认为是一件好玩的事（一种解谜活动），直觉性的游戏成分越多，设计的效果就越意想不到。这则广告非常有趣，它捕获了人们的想象力。

⊠ 朱莉·鲁蒂利亚诺和
布莱恩·莱特博迪，2008年
《摇滚选举》

创造版式个性

阿尔文·勒斯蒂格/艾伦·弗莱彻/葆拉·舍尔/凯文·坎特雷尔/罗伯特·马辛/
赫布·卢巴林/ OCD

拼贴

有借鉴，有创新

你可能会问，拼贴的和"勒索信"式的版式设计是否有显著不同。尽管你可能会对答案有所怀疑，但答案是：是的，有显著不同。后者是一种朋克风格的能指，它重复着有点太过眼熟的绑匪的比喻，在确保匿名的同时提出"电影道具"式的赎金要求。拼贴则更多地植根于立体主义、未来主义和达达主义艺术中常见的现代主义美学而非电影的媚俗成分，其偶尔也会夹杂超现实主义的成分。

拼贴包括把现成的印刷品（用手或数码工具）剪贴成清晰可辨的版式构图，这些印刷品可能有旧的或新的字体和字母。这种方法并不适合大多数设计任务，但正如阿尔文·勒斯蒂格（Alvin Lustig）的书籍护封所证实的那样，它能够很好地补充其他字体的元素。

"Gatsby"这个书名的"勒索信"式的部分与更正式的元素无缝衔接。它也是为这本配有装饰派艺术风格插画的《了不起的盖茨比》（*The Great Gatsby*）特别设计的一种好看的封面和护封。这个封面对美元符号的优雅运用以及对标题和署名行的含蓄组合都十分独特。

粘贴上去的单词"Gatsby"歪歪扭扭的字母所增添的诙谐，与小写的"the great"和轻描淡写的署名的简朴相映成趣。这个护封节制的调色和选字都是勒斯蒂格作品的典型特征。拼贴的过程赋予这些大写字母以版式多样化的外观，尽管它们跟其他字母一样都是 Futura 字体，并作为两个视觉触发点之一（另一个是美元符号）最终融为一种夺目的视觉效果。

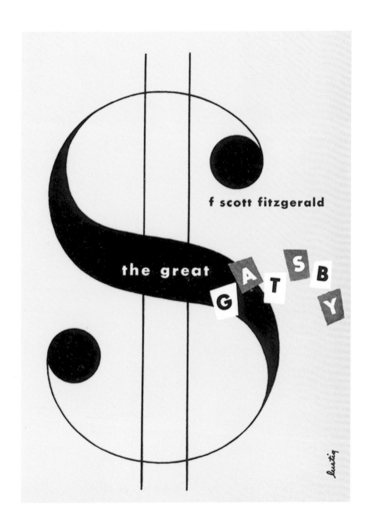

WALPAPER

重组
撕裂和采样

这是一个能够强化你的版式技巧的练习：先从现有的杂志、报纸、书籍等材料中选取 10 个你最喜欢的字体；然后把它们从原初的情境中撕下来，它们有的带着彩色或有纹理的背景，有的则不带；最后把这些字体当作新字重新组合，用眼睛创造出既和谐又不和谐的并置。你最终可能会获得一种达达主义式的混合物，或是某种特别精妙的东西。无论结果是什么，这都将是一次体验版式风格之间关联与区别的富有启发性的尝试。

在 20 世纪 50 年代和 60 年代，设计师们把一层层撕裂的广告牌拍摄下来用以展示：随着时间的流逝，腐蚀是如何改变字体和图像并改变其意义的。对有些人来说，这展现了一个为获得平面效果而有意改变字体的灵感。其他人看到的则是它本身：版式之诗的一种本土形式。

英国五角设计公司的前合伙人艾伦·弗莱彻（Alan Fletcher）终身致力于版式实验，他运用一种撕字母技巧（如今叫作挪用或采样）来制作字体拼贴，表现字体与字体、字体与语言以及字体与媒介之间的相互关联。他从大众传媒出版物上剪下印刷字母的方法表现出了他对语言的流动性以及字体突出与中和字词的物质方式的迷恋。

把字体从原初的语境中撕下来再利用也是一种用于"勒索信"式的风格和拼贴（见第 24 页）的技巧，但是重组更多在于通过变形、腐蚀和破坏来艺术性地突破极限。

⊠ 艾伦·弗莱彻，2007年
《墙纸》杂志

偏执

古怪与过度

由于艺术的边界愈加模糊，手绘字体如今已逐渐融入各种艺术形式。画家、雕塑家甚至是行为艺术家都自由地从平面设计中汲取创作养分，而平面设计师和版式设计师也同样在艺术界获得了一席之地，展示他们的作品。而曾几何时，他们是被拒之门外的。

葆拉·舍尔（Paula Scher）富有表现力的手绘字体受原始派画家霍华德·芬斯特（Howard Finster）的启发，以一种解决自己插画和设计问题的新方法为开始，随后演变为被艺术界所拥戴的绘画和版画。她粗糙的手工涂绘字母是画布上滑稽歪扭的地图这一观念性系列的核心，地图中每个特定的地理区域都挤满了城市、州省、河流和海洋的名称。舍尔把这些地图说成是"偏执的、有误的，但在某种程度上，也是对的"。充满了画面的细节绝对诱人——这是偏执的果实。

此外，尽管我们现在身处一个对编排图形信息的狂热与严肃旗鼓相当的数据可视化时代，舍尔的地图却不是为那些寻求真实信息的消费者绘制的。它们与信息图形之间近乎嘲弄的讽刺关系粉碎了制图规范，同时也反映了版式走向密集的发展趋势。

如果有人对发展这种呈现信息的方式或舍尔所说的"人造信息"感兴趣的话，那么挑战是，要理解版式的古怪与过度之间的区别，就像她所做的那样。换句话说，偏执有自己的局限：不墨守成规可以，但不要癫狂。

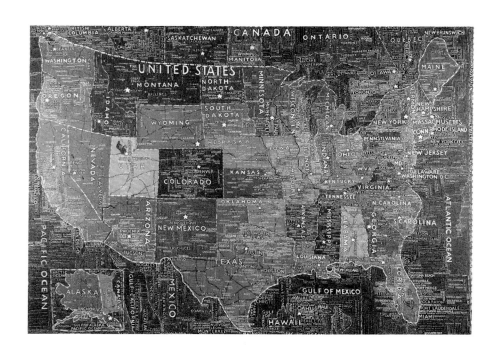

◹ 葆拉·舍尔, 2007年
　《美国》

⊠ 凯文·坎特雷尔, 2014年
《泰拉》(*Terra*)

极端
越多越好

极简是一种美德，用装饰来填充版式空间也不是一个错误。有效果的版式设计取决于设计师将哪些元素移入空间，又将哪些元素移出。

理解任务的本质和版式设计的最终用途是判断装饰有必要的全部理由。可是并非所有的设计师都赞同……

现代主义者认为装饰荒谬可笑，它玷污了设计的美学和内容。然而，更早些的工艺美术运动的拥护者则坚信装饰应该靠人的技巧和手艺而不是机器模板来制作。在兼收并蓄的当代设计中，以上两种方法同样奏效，即使是极简主义版式设计的爱慕者都不得不欣赏美国设计师兼艺术总监凯文·坎特雷尔（Kevin Cantrell）的泰拉（Terra）字体样本中的极端繁复。这种用"大秘密"（Big Secret）激光打印机刻在木头上的字体样本，尽管几乎难以辨认，却令人欲罢不能。

这些惊人的细节设计令人敬佩，但是人们未必会模仿。以此做范例是想让设计者了解坎特雷尔对元素的绝妙平衡。尽管贪得无厌的冲动是可以理解的，但一名好设计师还是应该避免做一个"版式吃货"。极度的版式固然美味可口，但过多的装饰很容易让人消化不良。去欣赏坎特雷尔制作的复杂版式图像的技巧吧，但若要在它不受欢迎的地方采用它，可一定要小心。

说话
语言造就视觉

　　"自由文字"（parole in libertà）是意大利未来主义者应用于"喧闹"版式的诗歌术语。当然，他们的版式并没有发出听得见的声音，然而，当大声朗读时，字母和词语的结合就会发出诸如摩托车、飞机引擎、枪击和炸弹爆炸这些标志性声音的音质和音色。与比喻性或隐喻性的版式不同，这些字的组合并不是模仿诸如雨水或老鼠尾巴等任何事物的形象，而是刺激读者去大声朗读以获得多重感官的完整体验。

　　"会说话的版式"从传统漫画书中得到启发，漫画用"气球"来传达对话，用水花飞溅传达诸如"嗵!""嘣!""啪!"这样的声音。在一定程度上，这是罗伯特·马辛（Robert Massin）在为改编自欧仁·尤内斯库（Eugène Ionesco）的剧本《秃头歌女》（*The Bald Soprano*）的书籍做设计时的意向。《秃头歌女》是一出荒诞派戏剧，剧中的三对夫妇在交谈中陷入了完全不合逻辑推理、来回折腾的混乱。在处理文本时，马辛用不同的字体代表演员各自的声音。当对话变得越发荒谬喧闹时，字号会随之调整；当每个声音交叉重叠时，所排的词语相互碰撞遮蔽。而当剧中人物打作一团时，文本呈现出愈加"喧闹失控"的面貌。

　　马辛采用了费力的特殊技术（包括把字体印在橡胶上再拉长）来让他的版式说话，而电脑可使制作"自由文字"的乏味工作轻松许多。"会说话的版式"是版式同时挑战多种感官的方法之一，而且是一种流行的方法。通过大小、风格和比例变化，我们能以包罗万象的或是更为微妙的方式来强调某些特定的词语。

⊠ 罗伯特·马辛，1964年
　　《秃头歌女》

ouvrant tout grand la bouche

ah ! oh ! ah ! oh ! oh ! allons grincer de dents caïman

laissez-moi grincer Ulysse

je n'en vais habiter ma

cagn dans mes cacaoyers

les cacaoyers des cacahuètes donnent du cacao !
les cacaoyers des cacahuètes ne donnent pas des cacahuètes donnent du cacao !
les cacaoyers des cacaoyers donnent du cacao !
les cacaoyers des

THE COOPER UNION SCHOOL OF ART & ARCHITECTURE

重叠
字体之声

在数字技术兴起之前，让字母重叠或接触需要大量单调乏味的切割、粘贴、拍摄和雕刻的工作。有这种耐心的设计师寥寥无几。然而在 20 世纪 60 年代早期出现了一位基于照片做版式设计的先驱——纽约设计师赫布·卢巴林（Herb Lubalin）。他为广告和杂志制作的密集重叠的视觉构图开启了一种表现型版式设计的流行风格。

卢巴林让字母互相重叠连接，设计出的版式把标题中的字词连接在一起，形成一种独立的视觉陈述，我们把它称作有个性的声音。得到的结果是一个具有说服力和表现力的对观者说话的标题，而非常见的简单整齐的线性排字。这在当时是一个单调乏味的过程，但用今天的数字程序，制作卢巴林式的版式"演讲"可在更短的时间内用更多的变化实现。尽管自 20 世纪 70 年代以来，这一风格在流行之后已经过时，但在处理细节和发挥才智时，重叠和粉碎将永远在设计师的工具箱中占有一席之地，用以强化读者对信息的关注度。

然而需要提出警告的是：太多的重叠、接触和粉碎会很快变为一种令人疲惫的自负。这个范例代表的是 20 世纪 70 年代的方法，因此要审慎地运用这一风格，不要试图复制大师赫布·卢巴林特定的作品，而要考虑他是如何实现这一切的。

⊠ **赫布·卢巴林，1975年**
库伯艺术与建筑联盟学院

非传统
观念驱动的版式设计

　　鉴于所需的时间和劳力，任何一个渴望设计完整字体的人必须对过程和观念都充满热情。一种"梦寐以求"的字体是观念性的并且脱胎于激情，这对非传统字体来说尤为适用。虽说并非所有如此创造的字体都是完美像素，但创造一种观念性字体能够带来各种各样的惊喜。

　　Free 是纽约的设计公司 OCD（The Original Champion of Design）因受邀为一场展览制作一幅海报而开发出来的字体，也由此标志并定义了该公司的设计理念。

　　对此，OCD 公司的珍妮弗·基农（Jennifer Kinon）和博比·马丁（Bobby Martin）说他们曾想象这幅作品是为他们的"梦想客户"——美利坚合众国而作。根据他们想象中的任务简介，他们要做的是制作一面"关乎商业"的新式美国国旗。以此为起点，他们用了一个闪闪发光的霓虹灯，用红、白、蓝三色的图像拼出单词"Free"（自由）。这个图像可以代表自由、资本主义、商业主义、可获得性、开放资源等。经过漫长的探索和多次反复的尝试，星条被有棱有角的字母组成的"Free"一词所取代，而这些字母是以出自原美国国旗的网格比例为基础的（对页的左下角）。

　　最终，而且或许出人意料，这些有棱有角的字母成为持久有效的实体：它们被进一步完善、数字化并且转变为可用的字体。世界上已经存在着大量的字体，可是对于为形式而激动的设计师而言，非传统但功能性的方法始终占有一席之地，甚至是一个市场。

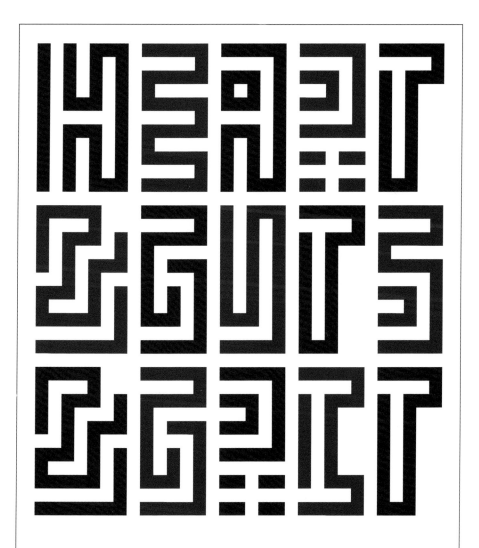

Small business owners are the new American revolutionaries. Willing to lay down our lives, our fortunes and our honor * we strike out for freedom. We lead a movement toward a stronger, more stable union that functions on a more human-scale. All heart and guts and grit, we find a way to do what we love, our way, every day.

* Excerpt from Presidential remarks July 4 2013

Image of the Studio:
A Portrait of New York City
Graphic Design

41 Cooper Gallery,
Cooper Union
October 1–26, 2013

Design: OCD

⊠ OCD, 2013年
《自由》

获得历史的启发

艾伦·基钦/埃尔维奥·格维西/弗朗切斯科·坎朱洛/费奥多·苏姆金/
亚历杭德罗·保罗/苏珊娜·利奇科

古风

做出审美选择

用古旧的字母做当代的版式设计往往会因和谐或失调而带来意外的惊喜。设计师们往往着迷于古色古香的金属或木制字体材料的触感，而且做字体并不会像在电脑上工作那样与构图的物理过程相分离。尽管如此，采用古风材料仍需要发掘许多美学资源。因为一个字型或字体尽管看上去或感觉起来不错，但并不能就此保证其会有一个非凡的版式结果：这需要你运用所有美学的和直觉的知识。

艾伦·基钦（Alan Kitching）是一位英国版式设计师和实验凸版印刷艺术家，他用大量古色古香的字母来穿越时间和变换风格。《基线》（*Baseline*）杂志（他为此刊设计和制作了这里的封面版式）声称，基钦拥有"一系列令人眼花缭乱的16、17、18 和 19 世纪的前沿印刷技术"，并描述他那间位于伦敦肯宁顿一幢维多利亚式建筑第四层的工作室充满了"与大多数设计师工作的普遍环境迥然不同的油墨气"。为了制作真正的有个性的当代图像，基钦在他的版式时光机中与过去的印刷材料打交道，其中包括凸版印刷和木制字形。

尽管《基线》杂志封面的许多特质在 150 年前都找得到，尤其是字型表达的粗野，然而基钦的构图所呈现出的印象派的色质在当时是不可能实现的。基钦的作品教给我们把过去当作通向当下的途径，并运用它以实现个人的版式设计表达。

⊠ 艾伦·基钦，1999年
《基线》杂志

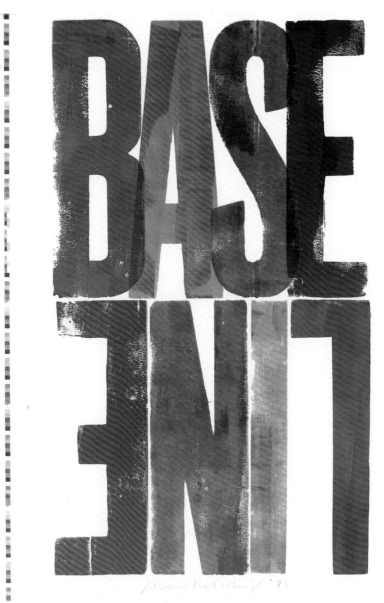

本土
商业语言

20 世纪 80 年代，平面设计师蒂博尔·卡尔曼（Tibor Kalman）确定了一种由日常交流所用的"本土"字母组成的版式设计样式。卡尔曼坚信，平面设计同其他语言或交流方式一样，有自己的非正式的"方言"或本土的形式。为了证明这一观点，他的工作室 M & Co 会把非专业的中式菜单设计和塑料留言板上的字母用于更正式的设计作品。另一种叫作"复古"的不同的本土方式采用的是来自 20 世纪上半叶风格化的字体。对于我们的目的而言，"本土"标志着风格化的和未经训练的实践的结合，源于过去的商业艺术的印刷和字体商店。

设计师们必须恰当地使用本土性，保留一些对原初时间和地点的指涉，否则它就会显得不合时宜。这一格言出自埃尔维奥·格维西（Elvio Gervasi）精心制作的带有风格化的螺旋形状和盛开的藤蔓植物的"费勒特风格"（Fileteado-style）的版式设计。"费勒特"是布宜诺斯艾利斯当地居民特有的平面设计风格。起初，在 19 世纪末，这种设计用来给运送水果、牛奶和面包的货车增添生气，如今这些车已成为怀旧之物，但它们依然象征着这座城市及其文化。正是这种当代的关联形成了最引人入胜的本土版式设计的精髓。

大多数本土版式设计都旨在唤起一种情绪，设置一种背景，或界定一种身份。要想成功，你可以选择在传统（无论高低）之上创建一种新的版式设计方法，并忠实于原型的细节。

⊠ 埃尔维奥·格维西, 2008 年
《布宜诺斯艾利斯探戈》

先锋

无法接受，切实可行，可以接受

活字印刷术一经发明，版式设计的标准就此落成，而这些标准也给书面交流带来了一场革命。从那时起，设计师和艺术家们就一直在改变陈旧的规则。然而，"先锋"这个词的问题在于一旦某种东西被如此描述，它就可能已不再处于边缘。进化过程是依照这个顺序进行的：无法接受，切实可行，可以接受。

通过调整同一个词中字母的大小和粗细来制造噪音曾是一个不受欢迎的概念。在 F. T. 马里内蒂（F. T. Marinetti）的领导下，意大利的未来主义者提出的页面上字词和字母的自由编排或者说"自由文字"（见第 32 页）绝对是先锋的书写方式，通过"截短和拉伸字词、强化中心或末端、增加和减少元音或辅音的数量"来自由地"变形和更新字词"，从而创造"图像-语音"体验。

那不勒斯有一个燃放烟火的传统节日，未来主义作家弗朗切斯科·坎朱洛（Francesco Cangiullo）受此节日的启发于 1916 年写下一首题为《皮埃迪格罗塔》（*Piedigrotta*）的诗，运用版式设计表现了维苏威火山的爆发力，这座著名的火山就位于那不勒斯湾附近。这个版式设计在尊重现代机械时代的同时，轰隆隆地吞没了旧有的一切。这个设计是对当时的循规蹈矩发起的猛击，但它最终还是被广告和商业设计所采用。如今，当我们看到在同一个页面改变尺寸和形状的文字时，没有人会感到惊奇。它是先锋派的幽灵，是许多曾经先进的版式设计工具之一。

☒ 弗朗切斯科·坎朱洛，1916年
《皮埃迪格罗塔》

ЕСЛИ МОИ КРИТИКИ УВИДЯТ МЕНЯ ШЕСТВУЮЩЕЙ ПО ВОДАМ ТЕМЗЫ, ОНИ СКАЖУТ: это потому что она не умеет плавать.

НЕ МОЖЕТ БЫТЬ никакой СВОБОДЫ, ПОКА НЕТ свободы экономики.

Мы с вами едем по дороге, а ЭКОНОМИСТЫ ПЕРЕДВИГАЮТСЯ по инфраструктуре.

ЛЮДИ думают, что НА вершине ТЕСНО что это ЭВЕРЕСТ

Я НЕ ЗНАЮ НИКОГО кто бы поднялся НА вершину без упорного труда. ЭТО И ЕСТЬ СЕКРЕТ УСПЕХА.

НА САМОМ ДЕЛЕ здесь ПОЛНО МЕСТА.

Если нужно что-то объявить, ПОПРОСИТЕ МУЖЧИНУ. Если нужно, что-то сделать ПОПРОСИТЕ ЖЕНЩИНУ.

洛可可

巧妙的反讽

复古主题有许多变体，因为过往给引用提供了诸多选择。洛可可版式设计是一种特殊的方案，无论它是否是你偏爱的版式，它看上去都会令人满意，尤其是精心打造的雅致给力的优秀作品。

俄罗斯版式设计师费奥多·苏姆金（Fiodor Sumkin）承认，他钻研 19 世纪末和 20 世纪初俄国档案（一座流溢着沙皇式华丽的字母宝库）的那段时光很美好。为了实现他为前英国首相"铁娘子"玛格丽特·撒切尔（Margaret Thatcher）做设计尝试的目标，他奉行的哲学是装饰越多越好。他为《CEO》杂志（俄国金融与商业杂志，很像美国的《财富》杂志）中撒切尔夫人的版面所做的设计结合了拜占庭、巴洛克和洛可可风格，以呈现出撒切尔夫人的一些更为激昂的语句。有棱有角的花式字体生动地召唤出她那严厉而柔美的嗓音，人们几乎能够听见她在说这些话。

洛可可字体解决问题的次数可能会让你感到惊讶。尽管它完全是被人们热情拥抱的现代简约的对立面，但它保有着一种有表现力的美和反讽的味道。

⊠ 费奥多·苏姆金，2010 年
　《CEO》杂志

浪纹

优雅之手的华美

斯宾塞手写体是 1840 年左右到 20 世纪 20 年代早期的流行风格。由普拉特·罗杰斯·斯宾塞（Platt Rogers Spencer）设计的斯宾塞体是打字机出现以前用于商务和社交信函的标准手写体。斯宾塞体从更早期的手写体演变而来，那时流行的浪纹意味着高雅和丰裕。在美国，它是约翰·汉考克（John Hancock）在《独立宣言》上著名签名的同义词，还是一只受过良好教育之手甚至是民主之手的标志。在 19 世纪的很多学校中，斯宾塞体的书法手册很常见。随着手写字体由金属锻造而成，镌刻出的斯宾塞美学成为信笺上的主角，用于喜帖、名片、信头、汇票等。

在 21 世纪，浪纹体唤起了一种虚荣的古风美学，因此应该节制使用。然而，正如阿根廷人亚历杭德罗·保罗（Alejandro Paul）的"资产阶级手写体"（Burgues Script）——"一首献给 19 世纪末美国书法家路易斯·毛道拉斯（Louis Madarasz）的颂歌"——所证明的那样，它也会反讽地唤起一个反数字时代："burgués"在西班牙语中是"资产阶级"的意思。

要设计好这种字体或任何浪纹体，以流畅灵活的方式连接字母是必不可少的。对于字体设计者来说，除了要制作有效果的版式，还要避免过度的设计。保罗写道："我能想象得出毛道拉斯必须得多么沉着和自律才能制作出如此华彩流溢、纯熟连贯的词句。"这是对想要自行尝试这个字体之人的重要忠告：要做出卓越的版式设计，你必须把技巧和耐心相结合。

☒ 亚历杭德罗·保罗，2011年
资产阶级手写体

Emperor 8

Oakland 8

Emigre 10

Universal 19

⊠ 苏珊娜·利奇科，1985年／2001年
低分辨率（Lo-Res）

数字

无关位图

约翰内斯·古腾堡（Johannes Gutenberg）的发明带来了识字的普及，字体和印刷中的数字革命则是此后冲击版式海岸的最强海啸。以今天的标准来看，摇篮版这一最早的印刷形式显得极其简陋，而数字设计也有类似的萌芽期。可以说《流亡者》（*Emigre*）杂志是"数字摇篮"，而 Oakland、Universal、Emperor 和 Emigre [起源于 1985 年，2001 年重组、扩充并重新包装为"低分辨率"（Lo-Res）字体家族] 这些数字字体铸造厂 Emigre Fonts 中最早的位图字体，类似于古腾堡最初的活字。

出生于捷克的字体设计师苏珊娜·利奇科（Zuzana Licko）在计算机刚刚问世时设计的字体带着有限技术的印记。在一本 Emigre Fonts 的样本册中，人们发现利奇科设计的里程碑式的字体"对于那些未曾身处 1985 年前后的人们来说是难以理解的"。那时候，用来制作字体的工具麦金塔（Macintosh）计算机刚刚出现，其自身还存在许多局限。它的基本内存是 512K，而且没有硬盘驱动器，大部分数据都是用软盘从一台计算机转移到另一台中，显示屏也非常小。

诞生于 1986 年的 Matrix 是一种边缘带尖的 PostScript 字体，它是为低分辨率的激光打印机设计的。1985 年发布的 PostScript 是 Adobe 公司开发的一款编程语言，它取代了基于位图的字体，能够把字形画成贝塞尔曲线（Bézier curve）的轮廓，于是能以任何尺寸或分辨率呈现。Altsys 公司发布的 Fontographer 是一款基于 PostScript 的字体编辑软件，能够更加精确地绘制字体。

除了怀旧，如今使用位图字体没有任何功能性的原因，因为它们显得很古怪，且悲哀地过了时。然而这些字体仍然可以获取，一旦用在合适的语境中，可以（在过时 30 年之后）给版式增添一种振奋人心的特质。

探索媒介和技术

容尼·汉纳/乔恩·格雷/A.M.卡桑德尔/西摩·克瓦斯特/保罗·考克斯/
尼克劳斯·特罗克斯勒/萨沙·哈斯/本·巴里

手绘字体
最初的数字字体

手绘的字母一直以某种形式存在着。随着版式设计中风格化的流行，手绘字体的命运有浮有沉。然而，手绘字体在过去的 20 年中不仅坚守住了阵地，而且在设计师和学生中越来越流行。当下的方法不是讲究精确的字体定制，而更多的是由插画师而非字体设计师或版式设计师制作具有图解性、诠释性和表现性的字体。通常，其结果是对古风的商业字体的诠释性复制。

英国插画师容尼·汉纳（Jonny Hannah）的字体对这一趋势做出了总结。尤其是他对阴影字体的偏爱带来了图解性的变体。你可能会说，汉纳的方法是最早的"数字"字体，因为它是用两只手上的 10 根手指而非通过计算机编码完成的。他的作品令人想起包括海报艺术在内的各种历史性类型，文字和图像在其中融为一体。

手绘字体的乐趣在于，从图解到书法，几乎任何方法皆有可能，并且可进行任意组合。要点是仔细选择字体的参照源，确认它适合于手头的任务。对现有字体进行手绘即是对真正字体的再现，即这并非是真正的字体。因此，永远不要完全精确地去复制一种字体，始终要给想象力留下驰骋的空间。

⊠ 容尼·汉纳，2011年
《愿主怜悯》

LORD HAVE MERCY AH'M BURNING A HOLE WHERE LAY!

ELVIS PRESLEY '72

EVERYTHING IS ILLUMINATED
'A ZESTFULLY IMAGINED NOVEL OF WONDERS... HE WILL WIN YOUR ADMIRATION, AND HE WILL BREAK YOUR HEART'
JOYCE CAROL OATES
JONATHAN SAFRAN FOER
ISBN 0-241-14166-4
9 780241 141663

画笔涂鸦
无（太多）规则的表现

计算机版式设计的精确引发了一场追求不精确与不完美的逆潮。几十年前人们无法接受的涂鸦字体（甚至是在草图中，更不用说在正式的平面设计中），如今作为 DIY 美学的一部分被欣然接受。当然，即便是手绘涂鸦最终也要在计算机上渲染，但涂鸦可以是一份版式设计方案中的一个有效的组成部分，其中文字起到了作用。经过全力制作之后，涂鸦充满了表现力，而其取得效果的程度主要取决于画笔的运用以及画笔的软硬度。

英国设计师乔恩·格雷（Jon Gray，又名 Gray318）以涂鸦艺术家的方式拿着他的画笔，就像对着某个不得人心者的照片信手涂鸦一样。尽管如此，他在为畅销书《真相大白》（*Everything is Illuminated*）设计涂鸦式标题时在同一个词中有意交替粗细笔画并且混用大小写的效果是十分到位的。

这个方法很好。在制作涂鸦标题时，需要的是版式设计师手的痕迹而非一般性的书写。而且为了达到最真实的效果，用较浅的线条或略微不同的风格来手写文字也会不错。

☒ 乔恩·格雷，2002年
　　《真相大白》

定制

破例许可

易识性和可读性对于手绘字体的创作与真正字体的制作是同样重要的。就字体设计而言，严格的标准有助于尽善尽美。然而，就手绘字体而言，设计师或插画师有更大的发挥空间，因为一个特殊风格的字母或字词很可能只用一次（通常只用于展示）。

A.M.卡桑德尔（A. M. Cassandre）是法国海报艺术大师和Peignot 字体与 Bifur 字体的设计师，他经常在海报上用鲜明的法国装饰派艺术的风格绘制字母。他常常通过重叠的无衬线字母来制造维度的幻象，这类幻象赋予版式诱惑力。他还混用不同的形状和色彩以取得引人注目的效果。这种版式设计方法过去是（现在也是）非常适合做广告展示的，比如这张为皮沃娄（Pivolo）开胃酒制作的海报散发着狂欢节一般的嬉戏气氛。

这幅广告的复杂性独具一格，在凭借惊奇与观众沟通的同时推广了品牌。然而，为了使所有字母构图合理，卡桑德尔运用了几何图形的精确度。这些字母是在网格上设计的，尽管它们各具特色，但字母的每个部分都与那只准备享用开胃酒的鸟儿相契合。字母 O 与鸟儿的眼睛相呼应，字母 V 对应的是杯中的鸟喙。如果使用标准字体，卡桑德尔绝不可能完成如此有效果的设计。在定制字体时，重心必须放在每个字母与整个构图的关系上面。

⊠ **A.M.卡桑德尔，1924年**
《皮沃娄》

商标字体
特别的身份

由于西方人使用的拉丁字母都一样，因此对于正在开发一个字母或词语标志的商标版式设计师来说，挑战在于把一个标志与其他标志区分开来。

例如，IBM 商标只有一个，但保罗·兰德（Paul Rand）选择的字体是格奥尔格·特朗普（Georg Trump）的"城市粗体"（City Bold），这种字体被大量使用在很多地方。正是兰德引入的平行线（或扫描线）把它和同一字体家族中的其他字体彻底区别开来。作为一个身份图标，它具有多方面的优势，其中包括充当助记符。这个商标使 IBM 品牌能够瞬间被识别，半个多世纪几乎未加改变。

同样地，西摩·克瓦斯特（Seymour Chwast）于 1964 年为阿托纳（Artone）墨水设计的商标"a"只用了一个字母就体现出了产品鲜明的个性。这个商标似乎完美地契合了这一产品。受到新艺术（Art Nouveau）的螺旋形和他的定制绘图的启发，克瓦斯特把"a"从一个单纯的字母转变成了一个标志；通过整合符号，这个字母从毫无个性变得独一无二。这个理念既令人眼前一亮又让人印象深刻，这便是有效标志的特征。"a"指的是墨水本身，而字母所具有的曲线美的黑色外形则生动地表达了用这款印度墨水能实现什么。为了强调这个理念，小写字母"a"内的字怀空间（或负空间）像是一滴墨水。这个单字母"a"中蕴藏着丰富的信息，它对于阿托纳来说是无价之宝。

并非每一个字母或产品都能在标志中实现象征与形式的珠联璧合，但是一名商标版式设计师的工作就是去探索和创造通向成功"联姻"的路径。

⊠ **西摩·克瓦斯特，1964年**
阿托纳工作室印度墨水

蜡笔
用蜡和油脂表达

　　蜡笔的营销对象为儿童，通常不会被用作字母制作或版式设计的媒介。然而从历史上来看，蜡笔却是平面设计工具箱中最基本的工具之一，"世纪末"（fin de siècle）的法国石版印刷海报的设计大师们正是用石印蜡笔或油性铅笔绘制出了杰作。传统上，设计师通常用红色和蓝色蜡笔以不太正式的风格书写产品说明。

　　普通的石印蜡笔在数字时代可能使用得不多了，然而像粉笔一样，彩色蜡笔仍然是今天的文字书写世界的一部分。无论你使用什么品牌或种类的蜡笔都能随心所欲地画出流畅的线条，或多或少地进行自我表达。有时候这种非正式的文字适用于去补充更正式的图像或信息，有时候它标志着信息是非官方、非学术或非团体的。

　　法国画家和设计师保罗·考克斯（Paul Cox）为洛林国家歌剧院 2000 年至 2001 年的演出季创作了带有手写文字的海报，其非正式感很适合他要推广的艺术、音乐和文化的类型。然而，还有另一个动机：他想呼应一下他同时在工作室里创作的一些绘画的风格。手写的蜡笔字非常吻合他受汉斯·阿尔普（Hans Arp）和埃尔斯沃斯·凯利（Ellsworth Kelly）的启发而正在创作的一个简单的模板形状的系列。考克斯解释说，他选择自己以前只用于文本的手写文字主要是出于形式上的考虑："我希望创造出一种与坚硬的色块形成对比的纤巧的线形。我也想做海报大小的手写文字实验。"

　　蜡笔可以用来玩，但并不是儿童专用。媒介可能不"即是"信息，但是蜡笔能有助于把信息推广到某些有趣的地方。

⊠　保罗·考克斯，2000年
洛林国家歌剧院，南锡

à l'Opéra
l'Isola disabitata

Joseph Haydn

Opéra de Nancy et de Lorraine
19, 25, 28 avril, 2 mai 2001 à 20h00
et 22 avril 2001 à 16h00
Renseignements : 03 83 85 33 11

Nancy

Orchestre

Saison 2000 - 2001

Orchestre Symphonique et Lyrique de Nancy
03 83 85 30 60

Nancy

à l'Opéra
Peter Grimes

Benjamin Britten

Opéra de Nancy et de Lorraine
12, 14, 17, 19 octobre 2000 à 20h00
et 22 octobre 2000 à 16h00
renseignements : 03 83 85 33 11

Nancy

à l'Opéra
Saison 2000 - 2001

Peter Grimes Falstaff Cecilia
Les Pensionnaires Manon
L'Isola disabitata Fidelio

Opéra de Nancy et de Lorraine
03 83 85 30 60

Nancy

黑板
讲话的粉笔

从前，在小学教室和大学讲堂里，粉笔灰的气味是很寻常的。它是"粉笔教学者"的一个工具，讲话者将粉笔画和文字书写作为视觉的辅助进行演示。如今，白板几乎已经取代了黑板，可擦笔成为教师常用的书写工具。然而，黑板粉笔，这个早在 19 世纪初就被引进使用的工具，在 21 世纪卷土重来。粉笔不再常用于教室，而经常被用于大量的说明性文字和风格化的涂鸦。尽管如此，用粉笔记录也有可能陷入那种平面设计的妄想中，这些奇思妙想能在瞬间照亮天空，但也会渐渐地消失无踪，除非新的方法造就新的风格。

当今的黑板字大多遵循的是时下流行的准则，即再造别致多彩的古风木字和装饰性的涡卷饰。这种美学颇具怀旧式的感染力，还可能被误认为是模仿（pastiche）。因此我们把粉笔用作版式设计的工具时不要一味地赶潮流，而是要去发现具有个性的"粉笔"声音。

尼克劳斯·特罗克斯勒（Nicklaus Troxler）的作品便是这样一个特别的"声音"。他在 2011 年为卢西安·迪比三重奏（Lucien Dubuis Trio）设计的海报采用了一种狂热的即兴创作风格，很适合用来宣传爵士音乐家。黑板粉笔给予版式设计师"恰如其分地不精确"的特权。这幅海报中的字显然是即兴书写，毫无风格化的效果，但充满了视觉能量，并与表现了三重奏中的萨克斯、贝斯和鼓乐的独特混合的图画和标记完全同步。

特罗克斯勒的海报看起来像是一幅草图。然而，鉴于粉笔字鼓励自由表达，只要它能传达信息，这都无妨。

⊠ **尼克劳斯·特罗克斯勒，2011年**
卢西安·迪比三重奏

矢量

一次一条贝塞尔曲线

幸好有矢量绘图软件 Adobe Illustrator，对现有字体的"矢量化"才得以出奇地简单。完成优质扫描，只需基本的几步。最终的矢量字体（由直线和曲线把各个点连接起来构成的字体）是作为单独的字母而非可键入的字体来操作的，以便设计师能更多地"亲自动手"。每一个字体都很容易单独调整大小和定位，这促使设计师放慢速度、审慎抉择。与传统的排字相比，这种经验大不相同，而且在某种程度上来说更有乐趣。

用一条条贝塞尔曲线从头开始制作矢量字体更加令人满足，也颇具挑战性，这也需要更高的专业水平。这样做的回报是获得了最大程度的原创性、创造力和灵活性，但是从无到有地"变幻"出矢量字体需要奉献和实践，以及对版式设计基本原则的熟知。

设计师萨沙·哈斯（Sascha Hass）用 Illustrator 绘制出他的获奖作品——"&"形状的海报，把密密麻麻的点阵连接起来形成一张纤巧精美、错综复杂的"蜘蛛网"。他打算通过连接电脑屏幕上的点来表现在世界上形成的关系是如何有机地产生力量的。

典型的字体设计追求创造理想化且优雅的形式，因此在设计过程中要尽量使用更少的点。哈斯则别开生面地背道而驰，用相交线编织了一幅精美的壁毯，与此同时，还要保留"&"符号最初优美的形状。当极简与繁复相遇，我们犹如在观看一张 3D 字体设计的线框图。

⊠ 萨沙·哈斯，2013年
　《蜘蛛网》

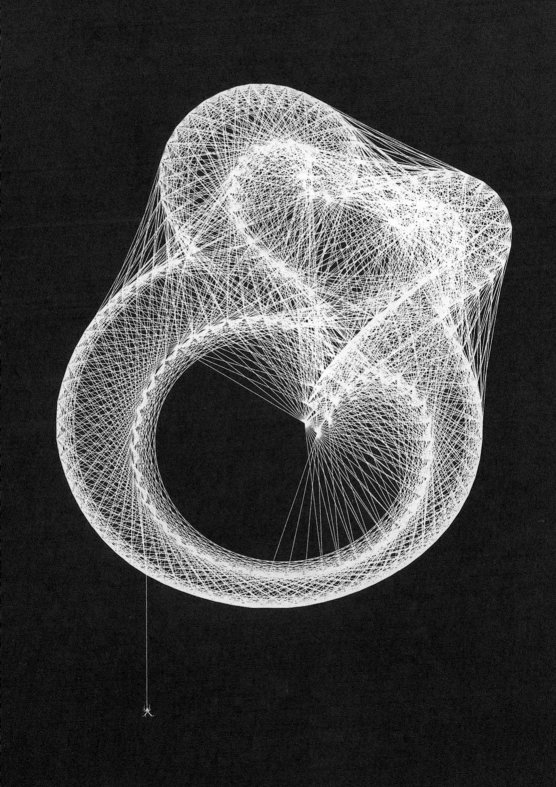

⊠ 本·巴里，2015年
《您好》

激光
精确的乐趣

在 20 世纪 50 年代，街头谣传着未来激光技术会一统天下。如今"未来"已然降临，版式设计中也有激光光学的应用：把聚焦的光束对准纸张、织物和木材来制作字体和图案。这个过程让人想起 20 世纪 50 年代的科幻小说：喷射的光束燃烧或蒸发物质，留下很难用手工复制的锋利整齐的边缘——这不再是虚构。这种设备可以高度精确地做出复杂的设计，为从设计婚礼请帖到葡萄酒商标的各类版式设计师打开了机会之门。激光切割已被用于设计围巾和吊坠，把字体转变成可穿戴的物件，甚至是用来制造可使用的家具。

这个方法的起源可追溯到 6 世纪的中国剪纸，后来剪纸颇受 18 世纪美洲殖民地上流社会女士的喜爱，继而传播到各个阶层，成为民间艺术的主要类型。简言之，激光切割就是"打了激素的剪纸"。本·巴里（Ben Barry）的《您好》（*Howdy*）海报充分证明了这种"激素驱动"的进化。它是为得克萨斯州的达拉斯视觉传播协会的一次演讲设计的，这使激光切割机的供应商 Artifacture 得以展现其能力。巴里不仅设计了一张海报，而且把这项技术推到了极限，进而为所有版式设计师提供了使用合适机器的新选择。

激光切割是印刷设计和尖端技术之间的交叉点。它使多维可触的版式设计成为可能，扩展了把字体应用到传统印刷之外的可能性。版式设计师请注意：你现在终于可以放下你的美工刀了。

创造幻象与奥秘

米希尔·斯胡尔曼 / 保罗·瑟奇 / 茹然瑙·伊利因 / 斯蒂芬·多伊尔

平面维度
幻象的奥秘

如果一件版式设计作品或一个文本令人难忘，合理的推测是它是易读的。然而，幻象也可能有助于让人牢记。西格蒙德·弗洛伊德（Sigmund Freud）坚持认为幻象的力量源于"它与我们本能的欲望相符合的事实"，而设计师们就有一种在平面上创造维度的本能欲望。的确，这可能不是生活中最基本的欲望之一，但版式设计师和其他设计师们天生喜欢迎接各项挑战（制造幻象便是其中之一）。

把一个二维的平面转化为一个三维的机会对于设计师和观看者来说都是迷人的，而且可以实现。作品完成后雅致而不乏惊喜就是值得赞赏的：米希尔·斯胡尔曼（Michiel Schuurman）为荷兰的玛丽亚教堂酒店（Hotel Maria Kapel）设计的海报《催化剂的日程》（*The Catalyst's Agenda*）通过浓烈的渲染和对接近于纸张的自然褶皱效果的挖掘取得了维度上的突破。斯胡尔曼说这是实验的结果。的确，没有创造维度魔法的绝对配方。

然而，这样的效果是值得为之努力的。要记住，出人意料又成功的幻象无一例外会留下一块精神甜点，它会把版式信息牢牢锁在观看者的记忆库中。

⊠ 米希尔·斯胡尔曼，2010年
　《催化剂的日程》

DEEP

Time stands still in the presence
of arcane beauty. Submerged beneath
reflections of water and light, movement and mysticism are
captured in brilliant colour.
Photography by
MIKE RUIZ

流动性
液体与数字

　　"流动性"这个概念可能马上会让人想到用真正的液体制作的字体，或者是那些通过数字方法唤起流动感的字体。经过制作，我们可以让字体下滴、飞溅、渗出、融化或流淌。实际上，液化字体通常都是通过 Photoshop 的"魔法"获得的，但有时用大头针或细画笔蘸上墨水和水也能制作出流动的形式。换句话说，如果你打开创意的水龙头，你可获得的选择就会哗哗流出。

　　在保罗·瑟奇（Paul Sych）为《无限时尚》（*fshnunlimited*，简称 *f.u.*）杂志设计的专题首页"深处"（*the Deep*），设计师把标题浸入水中，制造出一种版式的涟漪效果。瑟奇的意图不是要让标题的效果压倒对页上迈克·鲁伊斯（Mike Ruiz）的照片，而是要创造一个文字与图像之间的对话，由此产生一种视觉声音，其中字母的形状和结构旨在模仿波浪的律动。

　　刊物和广告媒体对这一设计的诸多变体进行过探索。也许这是因为水是在原始层面上吸引我们的最基本的元素之一，或者是因为水看上去令人神清气爽。流动感的字体会唤起一种自然力并给任一页面或屏幕增添高度的动感。

⊠ 保罗·瑟奇，2014年
《无限时尚》杂志

叠印
重影与凸显

如果你正在凝视对页上的图却发现难以捉摸，别担心，你的眼睛没毛病，你看到的不是双影（或三影），也没有暗物体阻挡你的视线。这是一个叠印的范例，在形成过程中，各种颜色、形状、图案和标记铺设在文字的上面和周围。如果一个构图可能太普通或者正好需要多层"材料"，这是增添图形的丰富性与维度的一个很常见的方式。

寻找叠印是一个收集印刷错误（套印不准）的过程，这些错误如今已经成为平面设计中的有意修辞。重影字体是叠印的一种标志性特质，它给字词注入了一丝神秘的气息。相反地，也有一种实际上有助于强调字词和短语的叠印。叠印是一个用来营造动态透明感的好方法。虽说叠印是平面设计的常规效果，但它同样可以有效悦目地辅助版式设计。

这幅 A0 大小的丝网印刷海报《飞车在哪里？》（*Where are the Flying Cars?*）由茹然璐·伊利因（Zsuzsanna Ilijin）设计，阿姆斯特丹的 AGA 平面设计工作室手工制作，包括了六名设计师对这幅四色层海报的努力。海报背后的概念是：科幻小说曾预言说，到 2010 年——即制作这张海报的这一年——会出现飞车。飞车仍未出现，但色层协助建构了海报中不同字号的大胆谐趣的文字。

阴影

开启光与暗

20 世纪 40 年代是黑色电影的黄金时代。黑色电影是一种集推理、谋杀和悬疑为一体的类型片，通过银幕上光与暗的极端反差来营造戏剧性的效果。一个强化情节剧的光源照亮了带阴影的粗衬线手写字体，这是黑色电影的片名通常用来表达自己典型的黑色美学的方式。如今，这些片名卡片和片段在版式设计的"万神殿"中占有一个特殊的位置，因为它们继续被后人沿用和尊敬。

对于那些迷恋这些电影及其片名的设计师来说，"黑色"风格在他们的意识中根深蒂固。除了情感共鸣，阴影字体的力量还在于它既复古又现代，这也解释了它最近复兴的原因。

纽约设计师斯蒂芬·多伊尔（Stephen Doyle）并不拘泥于复古潮流，他重视三维的力量，用摄影处理手工阴影字体是他作品的一大特色。先用木头手工制作（没有使用 Photoshop）"敌人"（Enemy）的版式，然后用戏剧性的灯光照明并拍摄，营造出"黑色"的怪异而刻意的效果。黑白色调有悖于当前人们对彩色设计的偏爱，但是牺牲掉色彩是完全值得的。"敌人"以十分咄咄逼人的样子位于前方，不仅强调了而且激活了这个紧张的词。

"黑色"的方法给如今的设计师和版式设计者提供了一种唤起观众期待的方式，就像黑色电影的片名在宣告情节剧即将开演时所做的那样。

☒ 斯蒂芬·多伊尔，2004年
《敌人》

实验风格与形式

埃尔·利西茨基/维姆·克鲁韦尔/"实验喷气机"设计工作室/温·芬/
约瑟夫·米勒-布罗克曼/赫伯特·拜尔/阿伦·扬桥

实验
改变语言的模样

阅读文本的方式多种多样。并非每个人都从左到右浏览，并非所有的字母表都有 26 个字母。挑战规范对于延续任何一种活语言都是非常必要的，版式设计语言也不例外。20世纪一些最大胆的实验是在 1910 年代末和 1920 年代初进行的，那时正值俄国和欧洲的革命热潮。1917 年俄国革命在欧洲触发了一系列版式设计上的震颤，这些震颤在俄国构成主义者的情感和思想中尤为强烈，其中埃尔·利西茨基（El Lissitzky）是一个主要的挑衅者。

他为《对象》（*Object*，一份柏林的三语的面向欧洲读者的设计与文化期刊）设计的封面支持了构成主义和至上主义艺术，并且保持着革命性的版式设计语言的"主菜"（pièce de résistance）。它是一个通过推进版式设计标准来改变语言本身模样的典范。实验意味着去尝试过去从未尝试过的技术，它也意味着你可以失败。如今利西茨基的《对象》已是经典之作，尽管那时把抽象的几何结构与可辨认的字体相结合是非常冒险的。

在做版式设计实验时，保留某种熟悉的特质会比较好，这样读者就不会完全迷茫。在处理形状和材料时，所用的方式要让那些令人感到惊讶的元素也能被理解。永远不要冷落终端用户。你应该像利西茨基那样去理解受众的需求和宽容度，如此一来，即使结果最初可能撼动系统，用户或观者最终也会欣赏这一挑战。

⊠ 埃尔·利西茨基, 1922年
《对象》

new
alphabet

a possibility for the new development

een mogelijkheid voor de nieuwe ontwikkeling

une possibilité pour le développement nouveau

eine möglichkeit für die neue entwicklung

an introduction for a programmed typography

智能字体
超越美丽

智能字体就是你所想的样子。这种字体会让你希望是自己亲手设计出来的，它源于如此了不起（往往又很简单）的想法，以至于你会直拍自己的脑袋，恨自己没有先想到。智能字体超越了美：它是理性地有意为之的结果。

荷兰设计师维姆·克鲁韦尔（Wim Crouwel）尤其因他使用基于网格的布局以及整齐清晰的版式设计而赫赫有名，不过，他也喜欢探索版式传统之外的领域。他于 1967 年设计的字体 New Alphabet 是一个旨在制作一种由平行和垂直笔画构成的实验性字母表的个人项目，所沿用的是早期显示器和照相排版设备采用的阴极射线管技术。这种字体引发了一场关于版式设计作为艺术的争论，而且设计界对它的反应各不相同。克鲁韦尔回应说，他并未打算让 New Alphabet 真正投入使用，但它是一份关于传统版式设计和新数字技术的声明。

克鲁韦尔的 New Alphabet 之所以智能，是因为它由其所评论的技术所驱动，并且同时考虑了技术的种种可能性和局限性。智能字体是有目的地在行动，它创建了一套自己的规则。并且，技术的发展使得设计师更加容易制作字体，因此对于 21 世纪的版式设计师来说，重新审视和改造的机会只会增加。

⊠ 维姆·克鲁韦尔，1967年
New Alphabet

小写字母
负空间的雕塑

　　一个二分字母表（bicameral alphabet），包括西方的拉丁语体系，是由大的（大写）和小的（小写）字母组成的。在铁器时代，这些字母按照尺寸和种类分别放置在抽屉的上下层或铅字盘里，标准术语"大写字母"（upper case）和"小写字母"（lower case）的命名便由此而来。对于西方书写体系来说，这些差异是如此必不可少，以至于无法想象两者之中少一种会怎样。然而，一个多世纪以来，语言改革家们一直主张，二分体系即使不能完全改变，也应该对它加以简化。1928 年，开明的德国包豪斯学院（German Bauhaus）在它的信头上宣称，为了节省时间，他们只用小写字母进行书写："我们说话时都不用大写字母，为什么还要写它们？"

　　他们说得很有道理。德语著作极其难学难读，因为德文尖角体（Fraktur）看起来相当繁冗，且所有的名词都要求大写。因此，随着被称为"新版式设计"（The New Typography）的典型现代体系的出现，德文尖角体变得不受欢迎，只有小写字母受到了推崇。这是因为当排版工作简化后，人们相信无衬线的小写字母更容易学习也更方便使用。在 20 世纪 40 年代，瑞士现代主义设计师开始使用全小写的标题。人们认为小写字母比衬线字母更现代，或者至少比来自同一字体家族的大写字母看起来不那么正式。"实验喷气机"（Experimental Jetset）设计工作室为剧场公司（De Theatercompagnie）设计的海报《眼盲如我们》（*net zo blind als wij*）向我们证明：使用大胆奇异的大号小写字母作标题，不仅有力且具有雕塑感，使构成版式单元的字母舒适地沉浸在白色负空间的海洋中。

　　评论家会说，只用一种小写的奇异字体做左对齐的堆叠很难算得上是创造性的版式设计，然而要达到同样的精准，你会认识到，使用这种中性的字体来制作一幅吸引眼球的海报的确是一项挑战。

net
de theater
compagnie
gilgamesj

zo
blind
als
wij

De Theatercompagnie
25 januari t/m 26 maart 2005

Regie: Theu Boermans
Tekst: Raoul Schrott
Vertaling: Tom Kleijn

Het Compagnietheater
Kloveniersburgwal 50
Amsterdam

reserveren 020 5205320
www.theatercompagnie.nl
info@theatercompagnie.nl

Spelers:
Anneke Blok
Theu Boermans
Stefaan Degand
Bracha van Doesburgh
Casper Gimbrère
Fedja van Huêt
Myranda Jongeling
Jeroen van Koningsbrugge
Hans Leendertse
Ruben Lürsen
Harry van Rijthoven
Lineke Rijxman

☒ "实验喷气机"设计工作室，2004年
《眼盲如我们》

MENACE by Chris Yee

Debuting as his first solo exhibition, Chris Yee invites you into his world of Misinterpreted Americana, parallel universes, rap royalty and bitter rivalries where everyone is a menace.

Including a year long collection of black and white ink work, Chris explores techniques familiar to stylings of 90's comics, punk, rap and gang aesthetics.

Opening reception:
6pm Wednesday
6 November 2013

Continues daily until:
11am–7pm Sunday
10 November 2013

Presented by:
kind of — gallery

Venue:
kind of — gallery
70 Oxford Street
Darlinghurst NSW

Sponsored by:
Magners Australia

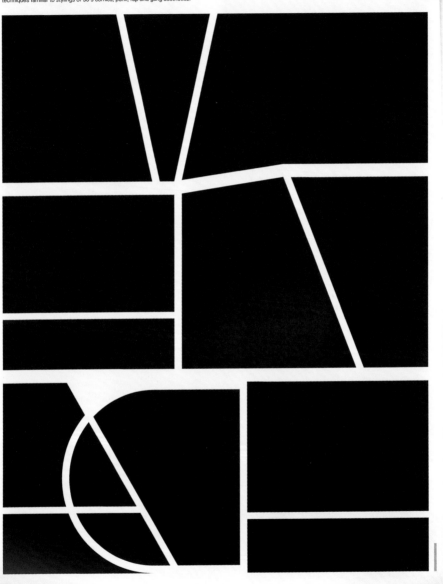

☒ 温·劳, 2013年
　《威胁》

极简主义
更少和更多

"少即是多"是由建筑师路德维希·密斯·范·德·罗厄（Ludwig Mies van der Rohe）在 20 世纪 60 年代初引入设计词汇的一个观念，从那时起，这句世纪性的格言就成了现代设计的哲学基础。密斯当初的意思是建筑中要禁止过度的装饰，而版式设计的极简主义有更多的可能性，它既包括虔诚地忠于字体比例的创意性，也涉及更朴素的清晰的概念。

温·劳（Wing Lau）通过简单来追求清晰。他的实践遵循"设计在内容中"（或者换句话说，"答案在问题中"）的准则。他以极简主义的形式、形状、节奏和构图为插画家克里斯·伊（Chris Yee）的首次个展"威胁"（Menace）设计了海报。伊的作品所探索的技巧令人联想到 20 世纪 90 年代的漫画，黑白的绘画里塞满了朋克、饶舌和帮派美学中常见的细节和催眠的纹理。劳在艺术家与众不同的作品中寻找版式方案。伊的作品中复杂的意象反映了面临威胁的当代社会。劳所面对的挑战是在不使用伊的作品细节的前提下来表现其作品。

极简主义并非像在空网格上设置一行 Helvetica 或 Univers 字体的文字那么简单，单调的布局永远不是答案。劳把漫画书的网格结构作为他的海报图像的基础。每个板块形成一个抽象的字母并组成单词"Menace"（威胁），揭示了一个还原过程，显示出一幅黑色、大胆、有力且极简主义的图像。

表现力节制

用最少的字制造最大的效果

瑞士版式设计风格（又称国际主义风格）被认为冰冷、刻板且缺乏表现力。大错特错！尽管一些标志性的无衬线字体如 Akzidenz-Grotesk、Univers 和 Helvetica 都相当中性，并且有些企业对于瑞士风格的应用表现出视觉上的雷同，但是这类单调的"神话"已经被国际范围内的诸多海报、手册和出版物所反驳。

瑞士设计师约瑟夫·米勒-布罗克曼（Josef Müller-Brock-mann）是通用网格系统经典著作的作者和国际主义风格的先驱，他不满足于公式化的版式设计。"秩序始终是我的梦想，"他在 1995 年接受《眼》（EYE）杂志的采访时说，"通过网格对平面进行有条理的组织，了解那些掌控易读性的规则（行长、字距等）以及对色彩有意义的使用，是一名设计师必须掌握的技能，以完成设计师在理性和经济问题上的任务。"那么，版式的表现力是如何进入这个公式的呢？

他于 1960 年创作的海报《小点声》（Weniger Lärm，一个公众意识的信息）以形象的方式把瑞士的版式设计和颇具感染力的摄影天衣无缝地结合起来。以惊人的角度覆盖在图像上的文字仿佛出自这位饱受折磨的女人痛苦的身体。在这幅简约的构图中，米勒-布罗克曼捕捉到了精神痛苦的因果，并引发了海报观看者的同情。

没有必要再添加任何其他东西。文字和图像的组合没有借助无关的视觉比喻就完成了任务。然而，设计师应该警惕对这种风格"逐字逐句"地追随，因为这样做的结果会是没有人情味的。把这种风格的精神与本身独特的版式设计相结合才会扩大风格的边界，并确保它的视觉魅力。

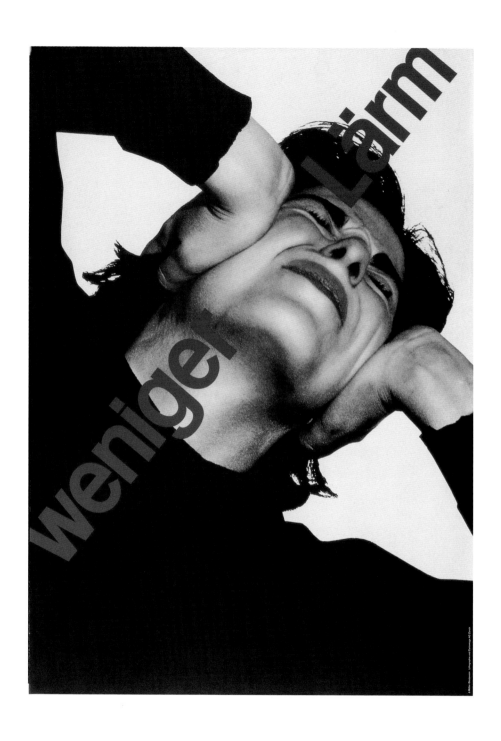

网格
制作字母盒

设计是以确立边界为基础的，网格是在页面上描绘文字和图像的边界的框架。它也象征着早期的手工排字，那时字块就保存在铅字盘（网格的别称）中。

赫伯特·拜尔（Herbert Bayer）是一位奥地利裔美籍的包豪斯学派的老师，也是一位出色的现代主义设计师。他为德国莱比锡的展览"1927年欧洲工艺美术"设计海报时，一定想到了这个象征。莱比锡是伟大的印刷中心之一，因此这个象征恰如其分。另一个原因可能是，像这样一幅使用文字的海报会清楚地有别于其他有插图的海报。

彩色方格组成的一种相当催眠的图案对观看者有两个层面的影响。首先是如此之长的标题的可读性（眼睛会跟随字母移动，仿佛每个字母都是一个单独的图像）；另一方面，大脑会从认知上将所有的字母组合成标题中的单词。

网格是设计公式的基本部分。它们充当的是版式设计所基于的隐形骨架。网格维持着秩序和结构。有些版式设计师拥有独创的风格，但是对于严格的字体和平面设计来说，网格一定在公式中。而且，根据它的严格程度，风格的可能性可以有很多。请记住，尽管网格是一个有效的限制框架，但它并不是一种钳制。网格是规则性的工具，不仅是对于必须在网格的约束中工作的设计师，还有被安排参与一个简单的感知游戏的受众，他们像玩跳格子游戏那样从一个版式格子跳到另一个。

☒ **赫伯特·拜尔，1927年**
《1927年欧洲工艺美术》

抽象
要命的可辨性

人们普遍认为，读者的注意力不应该被字体的形式、风格或结构分散。目标始终应该是尽可能地既美观悦目又清楚明晰，难道不是这样吗？

整个 19、20 和 21 世纪的版式设计师都不惜一切代价地反对应该保持版式设计纯洁性的假定。不可读但仍可辨认的排版是这场版式革命的基石。尽管许多想法已被证明是过眼云烟，但是把抽象形式提升为新的版式设计的尝试是大有裨益的，即使只是对版式设计潜力极限的不断试探。

近来，许多设计师以激进的思想权衡计算机技术，思考在有表现力的交流中，字体如何起到更大的作用。匈牙利设计师阿伦·扬桥（Áron Jancsó）的《Qalto》就像一首流动跳跃的自由爵士。字母和连字由极细的细线和很粗的元素构成。这种高反差制造出了惊人的视觉效果和独特的光学节奏。扬桥说道："有些字有很好的韵律，而有些字则没有。"因此，他使用了不同的字重。这字体令人想起早期超现实主义和抽象派绘画，既引人注目又颇具感染力。

只有脚踏实地，抽象的版式设计才能成功。外观可以超越常规，但是传达的信息不应该被艺术冲动完全遮蔽。抽象应该是用来牵引你得到信息的钓钩。

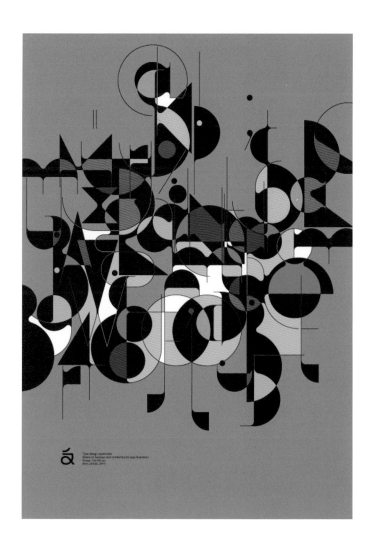

图 阿伦·扬桥, 2012年
《Qalto》

游戏与即兴创作

汤姆·卡内斯/米尔顿·格拉泽/里隆·帕兰/罗歇·埃克斯科丰/保罗·贝尔福德/
亚历山大·瓦辛/莱斯特·比尔/内维尔·布罗迪/汤姆·埃克斯利

双关
两个含义，一幅完美图像

很少有比一个设计师碰到一个视觉双关更令人满意的版式设计经历了。双关是所有设计师工具中最常见的一种，也是在使用时最难使其不显老套的一种。《胡须》（Beards）这本书的封面是双关的经典，也是图形智慧的典范。这个概念的构思者是赫布·卢巴林（Herb Lubalin），艺术指导是哈里斯·卢因（Harris Lewine），设计师是艾伦·佩科利克（Alan Peckolick）。这是一个典型的卢巴林式的想法，字体和书写也在其中诙谐地图解了书名。

视觉双关同时提供了两种认知经验。在这个案例中，由汤姆·卡内斯（Tom Carnase）定制的字体通过风格化的浪纹和花饰暗示一大团胡须，同时"Beards"（胡子）这个词清晰可辨。此外，眼睛和鼻子复古的雕刻效果以极致的优雅强化了作品的意义。

在创作一个版式设计的双关时，一定不要硬编笑料，而是要让文字和图像自然发展。你一见到它就明白了。50 年之后，《胡须》的这张封面在平面设计史册中的声誉还会持续增长。

⊠ 艾伦·佩科利克、汤姆·卡内斯、
赫布·卢巴林、哈里斯·卢因，1976年
《胡须》

Reginald Reynolds

The fascinating history of beards through the ages.
"First-rate entertainment." —San Francisco Chronicle

画谜
以画代字

    作为最古老的图形比喻之一，一个画谜代表一个字，有时候它是一个谜题，由图画或符号组成，暗示的是那个字的意思。如果说一个画谜被模仿的频率能表明什么的话，那么画谜中最耳熟能详的，实际上也是最著名的，便是米尔顿·格拉泽（Milton Glaser）于1977年设计的《我爱纽约》。

    用一个简单的心形符号代表爱，是一个直接取自童年的意象——简单，又意味深长。这颗心永远不会停止跳动。每个人都与这个符号相关，而且它几乎能被应用到任何方面。总而言之，它是普遍的。

    并非所有的画谜都像《我爱纽约》那么容易破解，然而作为商标或其他图形标识的基础，画谜是版式设计的必备手段。在许多情况下，视觉符号代替了单词或短语，不过它也可以只替代一个字母。实际上，有大量这样的设计用于标志和标题，如著名程度排名第二的由保罗·兰德（Paul Rand）设计的"IBM"，它是由一只眼睛、一只蜜蜂和一个字母"M"组成的。

    虽然近几年这个技巧被过度使用，但它依然是一个有价值的工具。因此，当我们采用画谜方案的时候，重点在于确定它不仅有趣，而且不是含糊不清的。如果格拉泽当初用了其他东西而不是心形（比如红唇），那么这个文字符号就不会立即被解译为"爱"。

⊠ 米尔顿·格拉泽，1977年
《我爱纽约》

发光
光明面

夜间不仅有星星在天空出现，还有霓虹灯闪亮登场。发光的版式设计景观不仅视觉感受令人难忘，而且蕴含着无限的设计内涵。甚至那些白天看上去设计拙劣的招牌，到了晚上，也会因发光的霓虹灯文字在黑暗背景上的浮动而熠熠生辉。

在没有实际拍摄霓虹灯招牌的情况下，要在印刷品中获得这样的效果并不像过去那么难。无论是在纸面还是屏幕上，运用 Photoshop 都能实现文字发光的效果，而且结果非常令人信服。其目标是让版式设计"配得上"特殊效果。

里隆·帕兰（Rizon Parein）为坎耶·维斯特（Kanye West）的演出设计的招牌是一幅使用 Cinema 4D 和 V-Ray 软件渲染的错视画（trompe l'oeil）。招牌不是真的，但它看起来好像是真的。帕兰设计的字体带着奇幻的光芒，在维度上看起来如此可信，以至于很难让人确定它不是实在之物。

发光的版式设计不一定是拟像。有许多方法可以让二维字体表面发射出多维射线，但是越致幻越好。

⊠ 里隆·帕兰，2014年
《坎耶·维斯特》

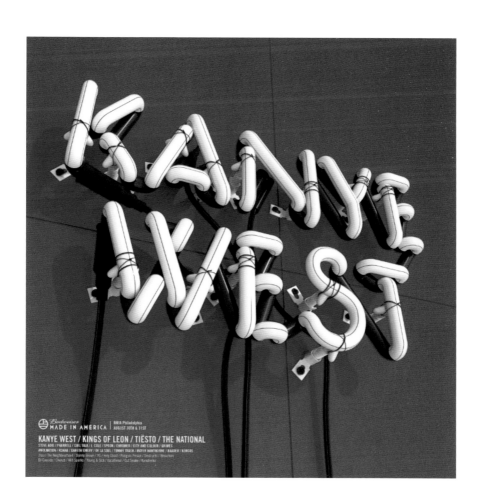

新奇
认真玩乐

　　"新奇"一词意味着一种字体具有非常规的或者没头没脑的特点，这也就意味着它是实验性的或者是微不足道的。虽然大部分新奇的显示字体使用起来是很有趣的，因为它们给版式注入了一些奇思妙想，但也有人在认真尝试改变字体设计的范式。尽管如此，新奇的字体通常不会在很长一段时间内流行，因为它们很快就会失去新奇感。也就是说，的确存在一些为了不同的目的而经常被启用的"新奇经典"。如果一个设计想要新奇，那么方案的选择一定是以复杂的标准为基础的，而版式设计师面临的挑战是要避免多余的东西。

　　罗歇·埃克斯科丰（Roger Excoffon）设计的旋涡状字体Calypso是新奇的还是实验性的（或两者都是）可以被永远争论下去，但它肯定是一个"严肃的"有趣字体的好例子。当橄榄铸字厂（Fonderie Olive）于1958年发布这个字体的时候，它具有新奇字体的所有特性。它那柔软的卷曲纸质地以及**大胆的**（半色调）本戴点（Benday dot）图案暗示着一种发光的大写字母的现代版本。使用可见的圆点来组成每个字母，表明Calypso也有观念性的一面。用从白变黑的半色调圆点来制作金属字体是一个技术性的挑战。埃克斯科丰画出了每个字母的轮廓图，用喷枪添加阴影，并将其转换为点状网目板。Calypso的大写字母被铸成20、24、30、36磅，并包括一个句点和一个连字符。因此，它在很多方面都很新奇，比如它的制造和最终的维度美学。

　　正如所有的新奇字体，Calypso的应用才是真正的考验。它要么非常迷人，要么愚蠢得令人沮丧。知道何时设计和制造这样一种字体需要一定程度的克制力。对Calypso最好的应用既不是做标题，也不是其他偏长的展示，而是为20世纪70年代早期的另类文化杂志《我们》（US）设计的一个两字母的标志，字体中卷曲的页面和半色调圆点所包含的暗示完美地象征了杂志的观念。

字母脸
制作字母肖像

在一个真正伟大的版式设计师的工具箱中，"用字体制作肖像"这一项可能并不重要，但如果掌握了它，倒也是个不错的额外技能。当版面被巧妙地设计出来时，看到不同字母的并置如何激发认知的愉悦是令人满足的。

这幅肖像画的原型可能是个虚构的普通人，或是真实存在的某个人，但这种版式设计被应用在很多地方，其衍生物是表情符号，一种创造图画妙语或图像结束语（类似于题署）的快速方法。比如快乐和悲伤这样的基本表情可以将标点符号用作面部特征，如":-)"和":-("。

在更大的范围内，有些字母脸肖像为制造相似性而包含特别复杂的字母、数字和标点的变形，而有些作品比如保罗·贝尔福德（Paul Belford）为《创意评论》（*Creative Review*）杂志设计的 2006 年年度奖的海报简洁而雅致。贝尔福德没有用字体来构造一个完整的面孔，他那幅静静的极简主义构图只用了神似一只睁开的眼的无衬线的字母"A"。部分是视觉双关，部分是版式转换，这幅低调却强大的构图只要多看一眼，便会难以忘怀。像贝尔福德一样，尝试一个不过火的聪明的概念，并在你制作面孔时明智地选择字母。去捕获令人惊喜的元素吧。

⊠ 保罗·贝尔福德，2006年
　《创意评论》

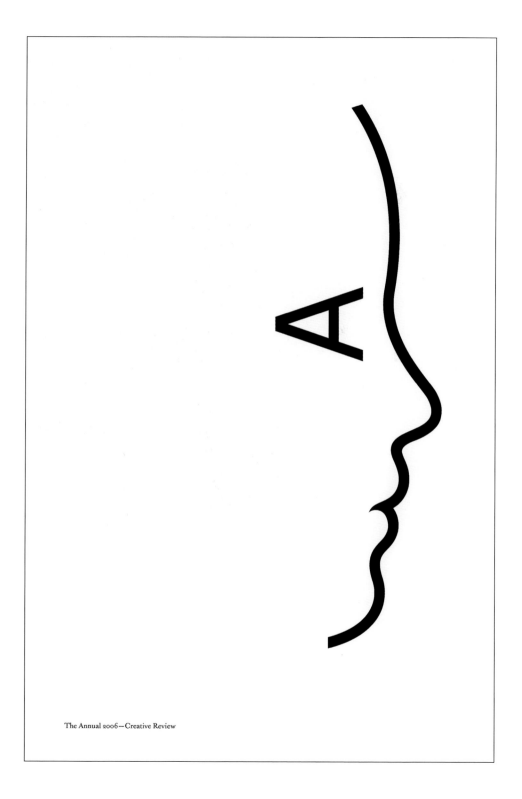

☒ 亚历山大·瓦辛, 鲍里斯·本迪科夫 (Boris Bendikov) 摄影, 2015年

《2015年Typomania国际字体图形设计节》

整合

艺术与字母的结合

文字和图像的完美结合是优质平面设计的基本原则之一。海报是展示这种完美的主要形式，然而极简主义设计师过于频繁地在图像上设置一两行字却不对这些元素进行整合。正如在交响乐中所有的乐器都要同步演奏一样，当文字和图像真正协调一致时，其结果和谐悦耳且旋律优美，但又能产生有力的冲击。

版式设计的成败取决于各元素之间的关系，而所有成功的海报版式设计的目标是达到和谐交响的高潮。这就是为什么俄罗斯设计师亚历山大·瓦辛（Alexander Vasin）为 2015 年 Typomania 国际字体图形设计节——一年一度在莫斯科举办的旨在创建版式设计共同体的盛会——设计的海报是该会议系列海报中一幅巧妙的观念整合的杰作。对于一个致力于字体和版式设计的盛会来说，这样的作品正中下怀。

这个范例展示了文字和图像的交织如何能够像极简主义的标题-图像组合一样具有新鲜的现代感。这个设计的成功之处在于"有计划的即兴创作"，其中，文字在图像（此处是一张照片，但这项技术对于插图同样有效）周围和之中自然分布。一个平面设计师应该始终致力于精心编排构图，使信息和美感结合得天衣无缝。

比例
大和小

版式设计师常常需要做出许多选择，但也许最关键的决定是字母之间的比例关系。大与小的并置对于制造效果有着决定性的作用。根据工作的要求，有些版式设计元素在逻辑上要比其他元素大，比如在报纸或杂志的标题中。在另外一些情况下，版式设计师的直觉、审美和才智必须主导设计，即使布局看起来混乱或特别，结果也必须是经过深思熟虑的组合。

莱斯特·比尔（Lester Beall）于 1937 年为《制作经理》（*Production Manager*，简称 *PM*）杂志设计的封面展示了强烈的比例转换与完美的字体组合一同带来的视觉冲击。这款样子不会过时的设计由一个华丽的古风大写字母"P"和一个现代的粗衬线体小写字母"m"组成。这个选择可以被赋予各种各样的象征意义，其中最有力的也许是"P"代表着老派，而"m"则暗示着机械时代的现代性。两者共存，但"m"蒸蒸日上。

这种受到俄国构成主义和新版式设计影响的构图使这个封面如此具有活力。然而，比例并非唯一的元素：有点歪斜的黑色的"m"是一个令人吃惊的对象，而小巧玲珑的红色的"P"显得黯然失色，尽管如此，它是一个整体。"P"和两道红杠貌似是随意的选择，但它的预期效果在于显示现代对于古风的支配关系。比例是版式设计师最好的工具。而这个范例展示了抽象的版式设计理念如何带来强劲、有序的平面设计。

⊠ 莱斯特·比尔，1937年

《制作经理》杂志

混乱

巨变

在同一个设计中，相较于统一的文字排版，字母大小的剧烈变化似乎更会产生引人注目的效果。就版式设计而论，在同一个版面中，用大小混杂的字母编排文字或标题可能会分散读者的注意力，但从另一个角度来说，也会增加文本被阅读的可能性。这取决于内容和情境。

当英国设计师内维尔·布罗迪（Neville Brody）从 1981 年到 1986 年为著名的后现代杂志 *The Face* 做艺术总监和设计师时，他的版式设计是现代主义极简风格的体现。从某种意义上说，他的版面所充斥的受控制的混乱，就像 20 世纪 50 年代的早期摇滚乐释放出了大批青少年内心的"野性"那样，释放出了未被驯服的版式设计的野兽。

用音乐做类比十分恰当。展示字体的比例转换源于布罗迪的渴望，对于捕捉字体的节奏与色彩，以及邀请用户对"文本的视觉效果和它所体现的语言都做出情感上"的回应。布罗迪告诉 *Eye* 杂志，在制造版式设计的不协调时，"我们要试着从文字中提取视觉特征。比例变化也会影响字体的基本韵律和视觉质量，带来一种视觉诗歌的形式"。

The Face 象征着 20 世纪 80 年代晚期的一个瞬间，那时后现代主义者在对 20 世纪中叶的现代主义的纯粹性进行反抗，布罗迪用字号的不规则变化所做的版式设计的狂欢和实验提供给我们的经验依然适用。版式设计师的选择不止一种：当版式设计需要让用户放松心情，给他们提供一个舒适的阅读环境的时候，像这样的比例变化可能就不理想；可是当传达兴奋感和紧迫感时，设计师永远也不应该"缩减"版式设计的"什锦饭"。

标点符号
语言路标

了不起的版式设计元素不只是字母和数，不要忘了还有标点符号。它们不仅是阅读的语言助手，还是具有表现和象征分量的抽象符号。你也许不能用感叹号、问号、逗号、破折号和冒号来讲整个故事，但是那些符号中有很多表情，正如近来表情符号的趋势所证明的那样。

感叹号是声明符号，但用哥特超粗体编排后，一个或多个感叹号会唤起紧迫、焦虑甚至是更强烈的情感。问号显然不带声明色彩，但在流露感情方面却毫不逊色。通常问号是用来表示疑问的，但在版面上将其放大时，它也可以被看作指向答案所在的路标。标点符号各自的含义是有限的，但在它们各自的参数范围内有着丰富的版式设计的可能性。

汤姆·埃克斯利（Tom Eckersley）设计的海报是一个完美的"几何化的"问号。这个问号像标靶一样位于中心，靶心在符号的上半部分，它充分述说了即将离开梦幻的艺术学院而进入真实世界的年轻毕业生。"是谁？去哪儿？做什么？"使用的这些字眼既不直白也不笨拙，它们正好补充了居于主导位置的问号。

版式设计是对文字的编排，但是有时候这些文字可以通过标点符号的速写得到更好的表达。象征元素和现实元素的结合讲述了一个完整的故事——而且，在这个例子中，故事如此令人震惊。

⊠ 汤姆·埃克斯利，约1990年
《The Siad》

After the Students Union
Who? Where? What?
THE SIAD
get a leaflet from the office

Eckersley

术语表

喷枪（Airbrush）

一种电动气压手持工具，可喷涂包括颜料、墨水和染料在内的各种媒介，起初用来修片。如今它也指一种可制造喷漆效果的数字图像处理（Photoshop）工具。

装饰派艺术（Art deco）

20世纪20年代在欧洲兴起并传遍工业化世界的一场极为"现代"的国际艺术与设计运动。

新艺术（Art nouveau）

世纪之交主要的艺术与设计的运动和风格，以其自然主义的装饰和对卷须与藤蔓的过度使用而闻名。

巴洛克（Baroque）

17世纪和18世纪欧洲的一种鼓励华丽细节的艺术与设计风格。在现代行话中指过度装饰的平面设计和版式设计。

包豪斯（Bauhaus）

一所颇具影响力的德国国立设计学校（1919—1933），后被纳粹关闭，被认为是现代设计和版式设计的始祖之一。

贝塞尔曲线（Bézier curve）

电脑绘图所使用的一条从起始点到终止点的参数曲线，其曲率受一个或多个中间控制点的影响。

二分（Bicameral）

二分字母系统是由两套字母组成的字母表。

拜占庭式（Byzantine）

一种设计复杂的艺术和建筑风格，可追溯到5世纪和6世纪的拜占庭帝国。具有复杂装饰性的版式设计会被称作拜占庭式。

构成主义（Constructivism）

一种诞生于1917年俄国革命的艺术与设计运动，它否定为艺术而艺术的观念，赞成艺术服务于社会目的。它在风格上以不对称的版式构图、粗大的条块、无装饰和有限的色彩而著称。

立体派（Cubist）

一种革命性的表现方式。在这种方法中，物体被分析、分解后以抽象化的形式重组，巴勃罗·毕加索（Pablo Picasso）和乔治·布拉克（Georges Braque）为此画派的先驱。平面设计师把它作为一种风格主义的手法用于表现现代性。

花饰（Curlicue）

一种植根于曲线的交叉缠绕的流动形式。

达达派（Dadaism）

一种始于1916年瑞士苏黎世的反艺术的设计与文学运动，并开启了一场期刊和广告设计革命。冲突的字体、混乱的版面和原始图像是它的标志。

点状网目板（Dot-screen）

见半色调（Halftone）。

首字下沉（Drop cap）

又称首字"大写首字母"（initial caps），用来标识新的一章、一节或一段的大写字母。被装饰后称为装饰首字母（illuminated initials）。

世纪末（Fin de siècle）

指19世纪末，尤其是那时的艺术风格。

软盘（Floppy disk）

一种存放在塑料容器中用于存储计算机数据的软磁盘。

齐头式排版（Flush）

指沿着左边、右边或网格线对齐的排版。

铸字厂（Foundry）

切割和锻造字体的工厂。在数字时代，铸字厂指的是字体设计师和制造者。

未来主义（Futurism）

1909年创立于意大利的激进艺术与设计运动。未来主义版式设计以"自由文字"（parole in libertà）著称，其特点是用文字组合来表现噪音和语言。

重影（Ghosting）

由于年限太久或有意为之，曾经显著而如今褪色但仍可辨的版式图像的痕迹或残余。

奇异（Grotesque）

哥特体或无衬线字体的一个子集，广泛用

于标题、广告和标志。

细线（Hairline）
用笔墨或电脑绘制的一条非常细的线。

半色调（Halftone）
用网目板把连续调的照片转换成能够印刷的点阵。

两端对齐（Justified）
版式同时左对齐和右对齐，两边整齐排列——与右边未对齐或左边未对齐的排版相对。

字距调整（Kerning）
为取得悦目的并置而调整字母或单词的字距。

激光切割（Laser-cutting）
在任何材料上用激光开榫或切割形状和图形。

凸版印刷（Letterpress）
与古老的印刷方式有关的术语，用凸起的涂墨表面在纸张或一卷纸上直接拓印。

连字（Ligature）
多个字母连接成一个字符或字形（一种排版缩写）。

石印蜡笔（Litho-crayon）
石印中所用的不吸墨或液体的油性铅笔或蜡笔。石印蜡笔的粗线对做粗体记号非常有用。

标识（Nameplate）
用报纸行话来说，这也叫作一份出版物的"报头"（masthead）、"文字符号"（word-mark）或名称。

新版式设计（The New Typography）
1928 年由扬·奇肖尔德（Jan Tschichold）创立的一种版式构图风格，它打破了所有的古典形式原则，代之以不对称、质朴、无衬线和有限的装饰。

PostScript
一种用于制作矢量图形，尤其是电脑字体的计算机语言。

画谜（Rebus）
在一个句子或短语中用图像代替字母或文字的谜题。

复古（Retro）
指当代语境中对古典设计元素的取样或挪用。

洛可可（Rococo）
起源于 18 世纪早期法国的一种艺术风格，其特征是具有大量涡卷、枝叶和动物形状等复杂精巧的装饰。

无衬线字体（Sans-serif）
字母首尾处没有衬线或小字脚的字体。

丝网印刷（Silkscreen）
一种印刷技术，运用网孔把油墨转移到承印物上，而被遮挡的部分不能透过油墨。

粗衬线（Slab serif）
主要见于木活字的粗体块状衬线，也用金属、照片和数字格式制作。

字块（Slug）
排字机中的金属活字。

至上主义（Suprematism）
20 世纪 20 年代影响了版式设计和排版的俄国抽象艺术运动。它根植于用有限的色彩绘制的基本几何形状（圆形、正方形、线条和矩形）。

浪纹（Swash）
一种版式设计的花饰，有时称作"尾巴"。

瑞士版式设计（Swiss typography）
又称国际风格（International Style），它是一种提倡严格限制字体、色彩、图画和装饰并以易辨性、功能性和可读性为目标的设计运动。

错视画（Trompe l'oeil）
这个术语在法语中意为"障眼"，它指那种貌似三维但其实只是二维的作品。

本土（Vernacular）
在版式设计中，"本土"指在使用时不注意排版细节的司空见惯的版式或字体（例如在车库票或洗衣票上的）。

美工刀（X-Acto knife）
一种机械艺术家用来切割字体库等东西的流行工具的品牌名。

延伸阅读

Baines, Phil and Catherine Dixon. *Signs: Lettering in the Environment*, Laurence King, 2008.

Bataille, Marion. *ABC3D*, Roaring Brook Press, 2008.

Bergströ, Bo. *Essentials of Visual Communication*, Laurence King, 2009.

Burke, Christopher. *Active Literature*, Hyphen Press, 2008.

Cabarga, Leslie. *Progressive German Graphics, 1900-1937*. Chronicle Books, 1994.

Carlyle, Paul and Guy Oring. *Letters and Lettering*. McGraw Hill Book Company, Inc., date unknown.

DeNoon, Christopher. *Posters of the WPA 1935-1943*. The Wheatley Press, 1987.

Hayes, Clay. *Gig Posters: Rock Show Art of the 21st Century*, Quirk, 2009.

Heller, Steven. *Merz to Emigre and Beyond: Progressive Magazine Design of the Twentieth Century*. Phaidon Press, 2003.

Heller, Steven and Gail Anderson. *New Vintage Type*, Watson Guptil, 2007.

Heller, Steven and Seymour Chwast. *Graphic Style: From Victorian to Post Modern*, Harry N brams, Inc., 1988.

Heller, Steven and Louise Fili. *Deco Type: Stylish Alphabets of the '20s and '30s*. Chronicle Books, 1997.

------. *Design Connoisseur: An Eclectic Collection of Imagery and Type*, Allworth Press, 2000.

------. *Stylepedia*, Chronicle Books, 2006.

------. *Typology: Type Design from The Victorian Era to The Digital Age*. Chronicle Books, 1999.

Heller, Steven and Mirko Ilic. *Anatomy of Design*, Rockport Publishers, 2007.

------. *Handwritten: Expressive Lettering in the Digital Age*, Thames and Hudson, 2007.

Hollis, Richard. *Graphic Design: A Concise History*, Thames and Hudson, Ltd., 1994.

Kelly, Rob Roy. *American Wood Type 1828-1900: Notes on the Evolution of Decorated and Large Types*. Da Capo Press, Inc., 1969.

Klanten, R. and H. Hellige. *Playful Type: Ephemeral Lettering and Illustrative Fonts*, Die Gestalten Verlag, 2008.

Keith Martin, Robin Dodd, Graham Davis, and Bob Gordon, *1000 Fonts: An Illustrated Guide to Finding the Right Typeface*, Chronicle Books, 2009.

McLean, Ruari. *Jan Tschichold: Typographer*, Lund Humphries, 1975.

------. *Pictorial Alphabets*, Studio Vista, 1969.

Müller, Lars and Victor Malsy. *Helvetica Forever*, Lars Müller Publishers, 2009.

Poynor, Rick. *Typographica*, Princeton Architectural Press, 2002.

Purvis, Alston W. and Martijn F. Le Coultre. *Graphic Design 20th Century*, Princeton Architectural Press, 2003.

Sagmeister, Stefan. *Things I Have Learned in My Life So Far*, Abrams, 2008.

Shaughnessy, Adrian. *How to Be a Graphic Designer without Losing Your Soul*, Laurence King, 2005.

Spencer, Herbert. *Pioneers of Modern Typography*, Hastings House, 1969.

Tholenaar, Jan and Alston W. Purvis, *Type: A Visual History of Typefaces and Graphic Styles*, Vol. 1, Taschen, 2009.

精选网站

http://fontsinuse.com

http://ilovetypography.com

http://incredibletypes.com

http://nyctype.co

http://typedia.com

http://typetoy.com

http://typeverything.com

http://typophile.tumblr.com

http://welovetypography.com

http://woodtype.org

www.p22.com

www.ross-macdonald.com

www.typography.com

www.terminaldesign.com

www.typotheque.com

致谢与图片版权

我们要感谢劳伦斯·金（Laurence King）出版社的编辑、设计师和制作团队出版发行这本书。

特别感谢编审索菲·怀斯（Sophie Wise）、责编索菲·德赖斯代尔（Sophie Drysdale）、编辑主任乔·莱特富特（Jo Lightfoot），当然还有劳伦斯·金（Laurence King）本人。

我们还要感谢本书涉及的所有设计师和版式设计师：感谢你们允许我们使用你们的作品，供大家做学习的范例。

还要感谢路易丝·菲利（Louise Fili）、乔·牛顿（Joe Newton）、利塔·塔拉里科（Lita Talarico）、埃丝特·罗-斯科菲尔德（Esther Ro-Schofield）、罗恩·卡拉汉（Ron Callahan）和戴比·米尔曼（Debbie Millman）。最后感谢纽约视觉艺术学院（SVA）院长戴维·罗兹（David Rhodes）的慷慨豁达。

史蒂文·海勒和盖尔·安德森

11 Original art from Alex Steinweiss Archives 12 Courtesy Andrew Byrom 15 Estate of Saul Bass. All rights reserved/ Paramount Pictures 16 Image courtesy Mehmet Ali Türkmen 19 Images courtesy Dave Towers 21 image courtesy Julie Rutigliano – julierutigliano.com 25 Courtesy Elaine Lustig 26 W* 94/ December 2006 Wallpaper cover by Alan Fletcher. Courtesy of the Alan Fletcher Archive 29 Image courtesy Pentagram 30 Image courtesy Kevin Cantrell/Typography Consulting: Arlo Vance & Spencer Charles 33 Massin/© editions Gallimard 34 The Herb Lubalin Study Center of Design and Typography/ The Cooper Union 37 Agency: OCD I The Original Champions of Design. Design Partners: Jennifer Kinon, Bobby C. Martin Jr. Design: Matt Kay, Jon Lee, Kathleen Fitzgerald. Lettering: Matthew Kay. Design Intern: Desmond Wong 41 Alan Kitching/Baseline 42 Image design © Elvio Gervasi 45 Private collection, London 46 Priest + Grace 49 Courtesy Fiodor Sumkin 50 Burgues Script. Typeface design by Alejandro Paul 53 Courtesy Emigre 57 Jonny Hannah/ Heart Agency 58 gray318 61 © Mouron. Cassandre. Lic. 2015-09-10-01 www. cassandre. fr 62 Seymour Chwast/ Pushpin Group,inc. 65 images courtesy Paul Cox 66 Courtesy Niklaus Troxler 69 Designer: Sascha Hass, Boltz & Hase, Toronto, Canada 70 Image courtesy Ben Barry 75 Courtesy Michiel Schuurman 76 Courtesy of Fshnunlimited magazine, Art Direction & Design by Paul Sych, photography by Mike Ruiz 79 Courtesy Zsuzsanna Ilijin 80 Stephen Doyle/ Doyle Partners, New York 85 Private collection, London 86 Courtesy Wim Crouwel 89 Experimental Jetset 90 Image courtesy Wing Lau/www.winglau.net 93 Photograph courtesy of the Museum fur Gestaltung, Zurich, Poster collection 94 Photograph courtesy of the Museum fur Gestaltung, Zurich, Poster collection/ DACS 2015 97 Courtesy Aron Jancso 101 Photo by Brian Cooke/Redferns/ Getty Images. Jamie Reid courtesy John Marchant Gallery. Copyright Sex Pistols Residuals 105 "I Love NY" logo used with permission by the New York State Department of Economic Development 106 Image courtesy Rizon Parein 110 Title: A for Annual Year: 2006. Designer: Paul Belford. Client: Creative Review Magazine 113 Series of Posters for the Moscow International Typography Festival Typomania (2015 www. typomania.ru/Art Director and Designer Alexander Vasin, Photographer, Boris Bendikov 115 The Lester Beall Collection, Cary Graphic Arts Collection, Rochester Institute of Technology 116 Courtesy Brody Associates 119 Private collection, London 120 with thanks to the Tom Eckersley Estate and the University of the Arts London